中华人民共和国海船船员培训大纲熟悉训练资源

电子技工业务

大连海事大学交通运输教材研究所 组织编写

电子技工

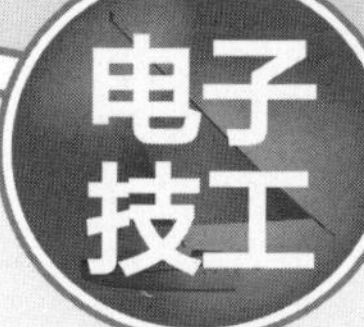

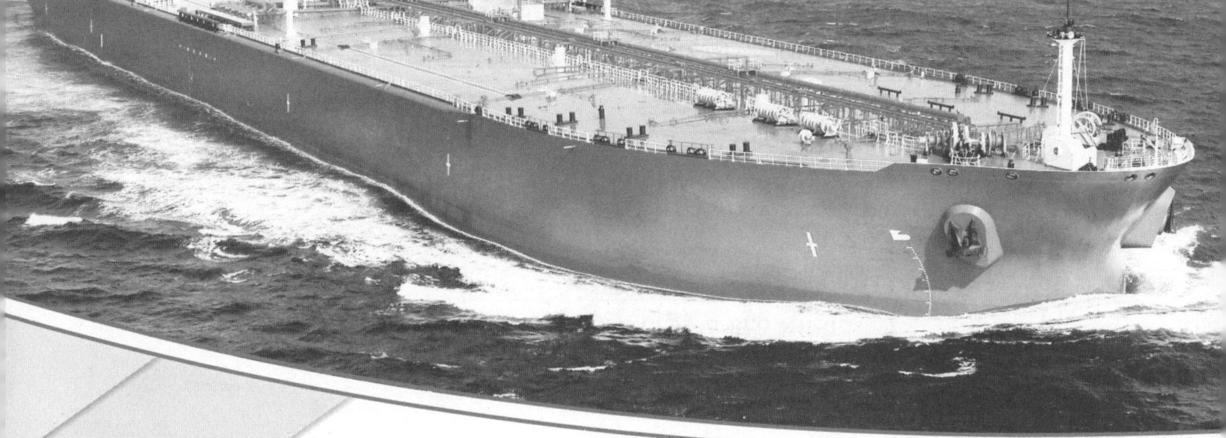

大连海事大学出版社

图书在版编目(CIP)数据

电子技工业务 / 中国海事服务中心编. — 大连 : 大连海事大学出版社, 2021.2
中华人民共和国海船船员培训大纲熟悉训练资源
ISBN 978-7-5632-4130-9

Ⅰ. ①电…　Ⅱ. ①中…　Ⅲ. ①电子技术—技术培训—教材　Ⅳ. ①TN

中国版本图书馆 CIP 数据核字(2021)第 029270 号

大连海事大学出版社出版

地址:大连市凌海路1号　邮编:116026　电话:0411-84728394　传真:0411-84727996
http://press.dlmu.edu.cn　E-mail:dmupress@ dlmu.edu.cn

大连金华光彩色印刷有限公司印装　　大连海事大学出版社发行

2021 年 2 月第 1 版　　2021 年 2 月第 1 次印刷
幅面尺寸:170 mm×240 mm　字数:213 千　印张:11.25

出版人:余锡荣

责任编辑:宋彩霞　　责任校对:张　冰
封面设计:解瑶瑶　　版式设计:解瑶瑶

ISBN 978-7-5632-4130-9　　定价:34.00 元

前　言

为有效履行《1978年海员培训、发证和值班标准国际公约》，进一步规范海船船员的培训、发证工作，提高培训质量，提升海员业务素质，交通运输部颁布了《中华人民共和国海船船员适任考试和发证规则》（以下简称"20规则"），并发布《中华人民共和国海事局关于印发〈中华人民共和国海船船员适任考试和发证规则实施办法〉的通知》。通知指出："'20规则'第二十九条规定的适任考试按照《海船船员培训大纲》确定的适任标准和内容实施。"

为更加有效地配合海船船员适任考试培训，帮助考生顺利通过考试，大连海事大学交通运输教材研究所在深入解读《海船船员培训大纲》的基础上，研究部海事局公布的大纲训练资源，针对海船船员适任考试的特点，组织编写了"中华人民共和国海船船员培训大纲熟悉训练资源"（以下简称"训练资源"）。

"训练资源"涵盖了各航区、各船舶等级、各部门的海船船员，所有专业、职级的考试内容，包括：

《航海学》（船长/大副）
《船舶操纵与避碰》（船长/大副）
《船舶结构与货运》（大副）
《航海英语》（船长/大副）
《船舶管理》（船长/大副）

《航海学》（二/三副）
《船舶操纵与避碰》（二/三副）
《船舶结构与货运》（二/三副）
《航海英语》（二/三副）
《船舶管理》（二/三副）

《GMDSS综合业务》
《GMDSS英语阅读》

《主推进动力装置》（大管轮）
《船舶辅机》（大管轮）
《船舶电气与自动化》（轮机长/大管轮）
《船舶管理》（轮机长/大管轮）
《轮机英语》（轮机长/大管轮）
《船舶动力装置》（轮机长）

《主推进动力装置》（二/三管轮）
《船舶辅机》（二/三管轮）
《船舶电气与自动化》（二/三管轮）
《船舶管理》（二/三管轮）
《轮机英语》（二/三管轮）

《船长/驾驶员训练指南》（未满500总吨）

《轮机长/大管轮训练指南》（未满750 kW）
《二/三管轮训练指南》（未满750 kW）

《船舶电气》(电子电气员)
《船舶机舱自动化》(电子电气员)
《船舶管理》(电子电气员)
《信息技术与通信导航系统》(电子电气员)
《电子电气员英语》(电子电气员)

《水手业务》
《机工业务》
《电子技工业务》

《基本安全》
《精通救生艇筏和救助艇、精通快速救助艇、高级消防》
《船舶医疗》
《船舶保安》

《油船和化学品船货物操作》
《液化气船货物操作》
《客船船员特殊培训》
《大型船舶操纵特殊培训》
《高速船船员特殊培训》
《船舶装载危险和有害物质作业》
《使用气体或其他低闪点燃料船舶》
《极地水域船舶操作》

“训练资源”具有针对性强、实用性强的特点,是海船船员参加适任考试、培训必不可少的参考书。

“训练资源”的出版,得到了中国海事服务中心的大力支持,在此表示感谢。在“训练资源”的编写过程中得到了各海事管理机构、航海院校、海员培训机构、航运企业等单位的关心和帮助,特致谢意。

大连海事大学交通运输教材研究所
2020年12月

目　录

第一章 电气设备的安全使用

第一节 安全预防措施

1. 下列关于船舶电气设备修理前的安全措施错误的是________。
   A. 检修发电机、电动机时，应在配电板或分电箱的相应部位悬挂“禁止合闸”的警告牌
   B. 检修时严禁带电作业，确需带电作业，必须使用良好的绝缘工具
   C. 只有一名电机人员的船上，上高带电作业，可以单独一人进行
2. 下列关于船舶设备修理前的安全措施正确的是________。
   A. 在锅炉、油水舱内部工作时，应遵守封闭场所作业时的安全措施，打开两道及以上的门，给予足够通风
   B. 在锅炉、机器、舱柜等内部工作时，应用可携式普通照明灯
   C. 检修电气设备时，如果没有相同规格的保险丝，可以使用额定电流大的保险丝
3. 当有人在工作时被误关在冷库内应使用________。
   A. 冷藏库呼叫报警器
   B. 病员呼叫报警器
   C. 二氧化碳施放报警系统
4. 为了保障安全用电，在进行电气操作时，下列做法错误的是________。
   A. 空中作业时根据情况穿戴或不穿戴安全带
   B. 带电操作前必须征得负责人同意
   C. 如果有大电容检查维修，之前应对大电容放电
5. 为了保障安全用电，在进行电气操作时，下列做法错误的是________。
   A. 电气修理完毕通电前先检查线路处有无他人工作
   B. 使用摇表测量人体电阻
   C. 在换熔断器或熔丝前先断电源开关

6. 为了保障安全用电，在进行电气操作时，下列做法错误的是________。
   A. 带电操作时尽量用一只手接触带电设备和操作
   B. 使用四氯化碳清洗电机等电气设备
   C. 带电操作时需两人进行
7. 为了保障安全用电，在进行电气操作时，下列做法错误的是________。
   A. 工作前把衣服扣好　　B. 工作时扎紧裤脚
   C. 工作时戴上金属手表
8. 为了保障安全用电，在进行电气操作时，下列做法错误的是________。
   A. 带电操作时，尽量用一只手接触带电设备和操作
   B. 带电操作前，必须征得负责人同意
   C. 带电操作时，两人同时操作同一电气设备
9. 出于安全用电的考虑，航行照明灯具应________接地和________安全防护罩。
   A. 保护；具有　　B. 工作；需要
   C. 保护；不需要
10. 关于电气安全用具，下列说法错误的是________。
    A. 电气安全用具分为绝缘安全用具和一般安全防护用具两大类
    B. 安全用电不仅应遵循安全用电规则，还应正确使用电气安全用具
    C. 验电笔属于防护安全用具
11. 为了保障安全用电，在进行电气操作时，下列做法错误的是________。
    A. 带电操作前必须征得负责人同意
    B. 为保障设备的连续供电，保险丝容量可加大
    C. 如果有大电容检查维修，之前应对大电容放电
12. 为了保障安全用电，在进行电气操作时，下列做法错误的是________。
    A. 禁止用湿手或在潮湿的地方使用电器或开启开关
    B. 高空作业应先申请，获批准后方可进行
    C. 换熔丝时，一定要先拉断开关，并换上规定容量的熔丝，可用铜丝代替
13. 为了保障安全用电，在进行电气操作时，下列做法正确的是________。
    A. 在带电设备上使用钢卷尺等金属尺进行测量工作
    B. 在维修和检查有大电容的电气设备时，应将电容器充分放电，必要时可先予短接
    C. 单靠梯子高度不够时，可以把两个梯子接在一起使用
14. 关于电气安全用具，下列说法错误的是________。
    A. 电气安全用具使用之前应进行检查
    B. 所有的电气安全用具，无须定期进行电气和机械试验

C. 电气安全用具分为绝缘安全用具和一般安全防护用具两大类

第二节　隔离程序

1. 电气设备检修警告牌由________挂卸。

A. 检修负责人　　　　B. 轮机长

C. 主管轮机员

2. 在维修电动机之前,采取的电气安全隔离措施中,下列做法正确的是________。

A. 断开控制箱电源开关并挂维修警告牌

B. 将机旁的停机按钮锁住

C. 不得将控制箱内控制线路上的熔断器取下

3. 为了保障安全用电,在进行电气操作时,下列做法正确的是________。

①必须在安装或维修设备的供电开关上悬挂“正在检修,禁止合闸!”的警告牌;②进行电气设备的安装或维修操作时,要严格遵守停电操作的规定;③预先与值班人员约定被安装或维修电气设备的送电时间;④在带电部位邻近处进行安装或维修设备时,必须保证有可靠的安全距离

A. ①②③　　　　B. ②③④

C. ①②④

4.为了保障安全用电,在进行电气操作时,下列做法错误的是________。

A. 只要电气设备在不运行状态,视情采取停电措施进行电气设备的维修

B. 必须采取停电措施,并在安装或维修设备的供电开关上悬挂“正在检修,禁止合闸!”的警告牌

C. 在带电部位邻近处进行安装或维修设备时,必须保证有可靠的安全距离

5.为了保障安全用电,在进行电气操作时,下列做法错误的是________。

A. 任何电气设备在不确定是否有电的情况下,应认为有电,不能随便接触电气设备

B. 必须采取停电措施并在安装或维修设备的供电开关上悬挂“正在检修,禁止合闸!”的警告牌

C. 在带电部位邻近处进行安装或维修设备时,必须要求邻近的所有带电设备停止供电

6.为了保障安全用电,在进行电气操作时,下列做法错误的是________。

A. 工作服保持干燥,扣好衣扣,且不把手表、钥匙等金属物品带在身上

B. 大电容在检修之前应先行放电

C. 采用专用的绝缘保险丝拔钳时,拆装保险丝无须先拉掉电源开关

7.为了保障安全用电,在进行电气操作时,下列做法正确的是________。

①在维修和检查有大电容的电气设备时,应将电容器充分放电,必要时可先予短接;②在修理任何线路及线路上的电器时,应切断电源,并挂上警告标示牌;③检查电路是否带电,可用万能表、验电笔和校验灯;④带电作业,无需经轮机长批准

A. ①②③　　B. ②③④

C. ①③④

第三节　电气火灾和其他事故的预防

1.流经人体的电流达________时,人的生命会有危险。

A. 0.5 mA　　B. 10 mA

C. 30 mA

2.国际上通用的允许接触的三种安全电压限值中,安全电压限值最高的是________ V。

A. 小于 50　　B. 小于 36

C. 小于 70

3.触电按电流通过人体后产生的________的不同,可分为________。

A. 伤害程度;电伤和电击　　B. 反应程度;电伤和内伤

C. 感觉程度;电伤和电击

4.电弧烧伤通常是在________的情况下产生的。

A. 电烙铁与载流导体长期接触　　B. 拉开较大感性负载的闸刀开关

C. 熔化的金属颗粒喷射

5. 下列有关触电预防的说法中,错误的是________。

A. 保持设备绝缘良好　　B. 遇到绝缘损坏及时处理

C. 线路中不能安装漏电保护装置

6. 对于电源中性点不接地的系统中单相触电,其危险程度主要取决于________。

A. 对地绝缘电阻　　B. 人体电阻的大小

C. 对地绝缘电阻和人体电阻的大小

7. 当发现有人触电而不能自行摆脱时,应采取的急救措施有________。

①用手或身体其他部位直接救助触电者;②就近拉断触电的电源开关;③拿掉熔断器切断触电电源;④用绝缘的物品与触电者隔离进行救助

A. ①②③　　B. ①③④

C. ②③④

8. 预防触电措施中,正确的是________。

①加强安全用电教育，严格操作规范；②一般禁止带电检修；③穿合格的绝缘鞋；④三相四线制系统中，可以单相接触维修电网线路，但应注意尽可能单手接触带电体

A. ①②③　　B. ②③④

C. ①③④

9. 不允许用湿手接触电气设备，主要原因是防止________。

A. 造成电气设备的锈蚀　　B. 损坏电气设备的防护层

C. 触电事故

10. 下列关于油船电气防止静电火灾的措施，正确的是________。

A. 接油管时先接油管，后接接地电缆

B. 调换灯泡及灯管时可以不先停电

C. 洗舱工作人员应穿防静电工作服、工作鞋

11. 下列关于油船电气防止静电火灾的措施，错误的是________。

A. 洗舱工作人员应穿防静电工作服、工作鞋

B. 在拆油管时，先拆接地电缆后拆油管

C. 进行油舱作业时控制油品流速

12. 下列有关静电预防的说法中，错误的是________。

A. 虽然人体是静电的良导体，但静电通过人体时，不会造成电击

B. 在静电危险场所的工作人员应穿导电性好的服装和鞋袜

C. 在货油舱甲板上禁止穿脱衣物

13. 下列有关静电预防的说法中，错误的是________。

A. 电气设备的金属外壳的接地是设备的保护接地，亦可作为防静电接地

B. 静电不可能在液体的流动中产生

C. 低云层的静电感应，会使船舶金属体感应而带电

14. 在金属导体之间或法兰连接的管路之间要使用金属导线可靠地连接，并可靠地金属接地，其目的是________。

A. 紧固作用　　B. 保护接零

C. 及时消除静电

15. 下列关于电气防火防爆的措施不正确的是________。

A. 定期检测电缆、电气设备的绝缘电阻，做好记录，遇到问题及时处理

B. 船舶电力系统一般采用三相绝缘系统，设备单相接地可以长期运行

C. 易燃、易爆场所应使用防爆电气设备

16. 为防止电气火灾的发生，电气设备的负荷量________。

A. 在额定值以下，不得长期超载运行　　B. 可以长期超载运行

C. 应远低于额定值

17. 用于危险场所的测量、监视、控制和通信的设备，主要是________的设备。

A. 无触点型　　B. 隔爆型

C. 本质安全型

18. 电气设备溅上海水，________。

A. 不会发生故障　　B. 可能引起短路

C. 会提高设备使用寿命

19. 下列有关引起船舶电气火灾的原因，叙述错误的是________。

A. 导体连接处固定螺丝过紧而引起接触电阻小，造成局部发热

B. 电气设备溅上海水，形成短路或接地，造成局部发热

C. 电气设备长期超负荷工作，温升过高

20. 下列有关船舶电气设备的防火要求，叙述错误的是________。

A. 电气设备的负荷量可以在额定值以上长期运行

B. 防止机械碰伤，损坏绝缘

C. 导体连接牢靠，防止松动

21. 下列有关船舶二氧化碳的电气灭火，叙述错误的是________。

A. 二氧化碳是一种良导体　　B. 二氧化碳干燥，没有腐蚀性

C. 二氧化碳灭火后，不留渣滓

第四节　电力系统的安全操作和基本知识

1. 应急情况下应急发电机自动起动合闸的最长时间不超过________秒。

A. 20　　B. 30

C. 45

2. 应急电池在放电过程中电压下降不超过________。

A. 12%　　B. 15%

C. 18%

参考答案

第一节　安全预防措施

1. C　2. A　3. A　4. A　5. B　6. B　7. C　8. C　9. A　10. C

11. B　12. C　13. B　14. B

第二节　隔离程序

1. A　2. A　3. C　4. A　5. C　6. C　7. A

第三节　电气火灾和其他事故的预防

1. C　2. B　3. A　4. B　5. C　6. C　7. C　8. A　9. C　10. C
11. B　12. A　13. B　14. C　15. B　16. A　17. C　18. B　19. A　20. A
21. A

第四节　电力系统的安全操作和基本知识

1. C　2. A

第二章 电气系统和机械操作的监控

第一节 船舶机械原理

1. 柴油机上止点是指________。
   A. 气缸的最高位置　　B. 活塞离曲轴中心线的最远位置
   C. 曲柄处于最高位置
2. 大型低速柴油机的主要运动部件有________。
   A. 活塞、连杆　　B. 活塞、连杆和曲轴
   C. 活塞、十字头、连杆和曲轴
3. 目前低速二冲程柴油机多用作船舶主机,主要原因是________。
   A. 结构简单　　B. 重量轻
   C. 寿命长
4. 船舶主柴油机的固定件包括________。
   A. 机座　　B. 活塞
   C. 连杆
5. 根据柴油机工作原理,在一个工作循环中其工作过程次序必须是________。
   A. 进气、燃烧、膨胀、压缩、排气
   B. 进气、压缩、燃烧、膨胀、排气
   C. 进气、燃烧、排气、压缩、膨胀
6. 船舶主柴油机采用废气涡轮增压为了________。
   A. 增加进气压力　　B. 提高进气温度
   C. 增加进气体积
7. 船舶大型低速主柴油机多为________。
   A. 二冲程　　B. 四冲程
   C. 六冲程
8. 现代大型船舶柴油机主机多采用________。

A. 低速二冲程　　B. 高速二冲程

C. 低速四冲程

9. 船舶柴油机主机缸套冷却多采用________。

A. 空气冷却　　B. 水冷却

C. 油冷却

10. 在主机的三个操纵部位中,________优先级最高。

A. 机旁操纵　　B. 驾驶台操纵

C. 集控室操纵

11. 车钟系统优先级最高的为________。

A. 机旁　　B. 集控室

C. 驾驶室

12. 集控室车钟与驾驶室车钟应________。

A. 保持一致　　B. 相差不大

C. 可以不同

13. 发电柴油机的主要固定件包括________。

A. 机体　　B. 活塞

C. 曲轴

14. 发电柴油机一般采用________。

A. 二冲程　　B. 四冲程

C. 六冲程

15. 同步发电机带恒定负载单独运行时,改变原动机油门,会引起发电机________出现相应变化。

A. 相序　　B. 电压

C. 频率

16. 发电柴油机 PLC 上黄色备用锂电池灯亮,说明________。

A. 故障　　B. 正常

C. 应该更换电池

17. 发电柴油机 PLC 上红色灯亮,说明________。

A. 故障,应更换模块　　B. 正常

C. 应该更换电池

18. 离心泵叶轮的作用是________。

A. 传递能量　　B. 汇集液流

C. 使液体旋转

19. 船舶机舱辅助机械中以泵居多,这些泵中以________居多。

A. 柱塞泵　　B. 往复泵
C. 离心泵

20. 在船上往复泵主要用作________。
A. 消防水泵　　B. 燃油泵
C. 舱底水泵

21. 不需要调速的甲板机械是________。
A. 舵机　　B. 起货机
C. 锚机

22. 下列各项中不属于舵机的组成的是________。
A. 转舵机构　　B. 转舵动力机械
C. 车钟

23. 最大舵角一般为________。
A. 30°~35°　　B. 35°~40°
C. 40°~45°

24. 船舶在机动航行时一般采用________。
A. 随动舵　　B. 单动舵
C. 自动舵

25. 船舶在海上航行确定航向后一般采用________。
A. 随动舵　　B. 单动舵
C. 自动舵

26. 船舶在随动舵失灵后一般采用________。
A. 随动舵　　B. 单动舵
C. 自动舵

27. 对于电动-液压舵机系统来说,拖动变量油泵的电动机应采用________的电机。
A. 短时工作制　　B. 特殊转子结构
C. 普通长期工作制

28. 液压舵机控制油路中的防浪阀的作用是________。
A. 大风浪时,防止舵叶移动　　B. 大风浪时,防止油缸活塞移动
C. 大风浪时,防止舵油压过高

29. 为保证舵机的工作可靠、操作灵便,自动操舵仪应包括自动、随动和应急三种操舵方式,________之间选择切换。
A. 只能在自动、随动
B. 只能在自动、应急
C. 能方便地在三者

30. 应急操舵时应该________。

A. 关闭驾驶台舵机操作台电源　　B. 放出液压油

C. 更换液压油

31. 克令吊就是________船用起货机。

A. 吊杆式　　B. 回转式

C. 行走式

32. 关于电力拖动起货机的电动机与控制设备,下列说法错误的是________。

A. 起货机的电动机机械特性较软

B. 起货机的电动机过载性能差,故控制线路要有过载保护

C. 起货机的起动加速过程应与操纵主令电器的速度无关

33. 关于电力拖动起货机的电动机与控制设备,下列说法正确的是________。

A. 起货机的电动机机械特性较硬,保证无论负载重与轻,运行速度应差不多

B. 起货机的电动机过载性能好,起动力矩较大

C. 起货机的电动机调速范围一般较小

34. 对起货机要求电动机过载性能________。

A. 好　　B. 差

C. 一般

35. 对起货机要求电动机起动力矩________。

A. 大　　B. 小

C. 一般

36. 对起货机要求采用________。

A. 防尘式　　B. 防水式

C. 防油式

37. 回转式船用起货机,吊臂下放到一定角度不能再下放了,最可能的原因是________。

A. 达到最小半径角度　　B. 牵引钢丝不够长

C. 到达限位角度

38. 电液起货机运行中出现油温高报警,应首先检查________。

A. 油温传感器是否正常　　B. 油温控制器是否正常

C. 冷却风扇的道门是否打开

39. 船用起货机在交付码头工人使用之前,要进行多项检查和试验,其中相对重要的一项是________。

A. 限位功能试验　　B. 油位检查

C. 报警检查

40. 船用回转式起货机在更换牵引钢丝前,电气人员应________。
A. 将吊杆插入支架,拆掉限位传动链条
B. 检查报警
C. 检查舱内照明

41. 锚机在满足额定负载和速度的条件下应能连续工作________。
A. 30 分钟
B. 60 分钟
C. 没有限制

42. 锚机在收紧锚链过程中负载转矩________。
A. 逐渐增大
B. 逐渐减小
C. 保持不变

43. 锚机在拔锚出土过程中负载转矩________。
A. 逐渐增大
B. 突然增大
C. 保持不变

44. 有些舱口有许多千斤顶,其作用是________。
A. 给舱盖加压密闭
B. 顶升舱盖,便于舱盖行走
C. 作用于舱盖,使其折叠

45. 锚机起锚过程中,最大拉力多出现在________。
A. 收起躺在海底的锚链阶段
B. 起锚破土阶段
C. 垂直收锚阶段

46. 关于电动锚机,下列说法中正确的是________。
A. 放锚时可出现再生制动
B. 电动机最多能在堵转下工作 30 秒
C. 电动机不能在最大负载下起动

47. 关于电动锚机,下列说法中正确的是________。
A. 收锚时不允许倒拉反接制动
B. 电动机最多能在堵转下工作 30 秒
C. 电动机能在最大负载下起动

48. 锚机刹车打开后串入经济电阻是为了使刹车________。
A. 确保安全
B. 增大吸力
C. 延长寿命

49. 交流三速变极调速锚机工作时能否上高速通常由________继电器决定。
A. 热
B. 零压
C. 过流

50. 送上电源后,锚机控制线路应________工作。

A. 立即　　B. 延时

C. 手柄置零位后才可

51. 锚机刹车线圈的放电回路串入二极管是为了使刹车________。

A. 减少损耗　　B. 减小吸力

C. 及时抱闸

52. 锚机操作太频繁可能造成________。

A. 不能松开刹车　　B. 无法刹车

C. 电动机发热严重

53. 锚机无法刹车后应该尝试________。

A. 更换刹车线圈　　B. 更换摩擦片

C. 检查电源电压

54. 卫生水系统用于________。

A. 冲洗厕所　　B. 供应浴室

C. 供应洗衣室

第二节　电路

1. 人们习惯以________作为电流的实际方向。

A. 正电荷运动的方向或负电荷运动的相反方向

B. 负电荷运动的方向或正电荷运动的相反方向

C. 正电荷运动的相反方向

2. 电位的量度单位是________。

A. 安培(A)　　B. 伏特(V)

C. 库仑(C)

3. ________为电能的单位。

A. 焦耳(J)　　B. 伏特(V)

C. 库仑(C)

4. 非电场力把单位正电荷从低电位处经电源内部移到高电位处所做的功是________。

A. 电压　　B. 电动势

C. 电场强度

5. ________是描述单位时间内通过导体某横截面的电荷之多少的物理量,其国际标准单位是________。

A. 电量;库仑　　B. 电流;安培

C. 电量;安培

6. 在以下各物理量中,不能用伏特衡量其大小的是________。

A. 电动势　　B. 电功率

C. 电位差

7. 瓦特(W)是物理量________的单位。

A. 功　　B. 有功功率

C. 无功功率

8. 电路中电流的实际方向与产生这一电流的电子运动方向________。

A. 相同　　B. 相反

C. 超前 90°

9. 以下各项中,________不属于电路的基本物理量。

A. 电阻　　B. 电流

C. 电压

10. 关于电动势的说法中,错误的是________。

A. 电动势是衡量非电场力对电荷做功能力的物理量

B. 电动势是衡量电场力对电荷做功能力的物理量

C. 电动势的规定方向为由低电位指向高电位

11. ________是电阻的国际单位。

A. 欧姆(Ω)　　B. 伏特(V)

C. 库仑(C)

12. 电路中任意两点之间的电位差称为两点间的________。

A. 电压　　B. 电动势

C. 电位

13. 在下列各物理量中,其单位不能用伏特表示的是________。

A. 电压　　B. 电流

C. 电位

14. 电流强度是用来表示________大小的物理量。

A. 电压　　B. 电流

C. 电位

15. 外力克服电场力把单位正电荷从电源的负极搬运到电源正极所做的功称为________。

A. 电压　　B. 电功率

C. 电动势

16. 电流的单位千安、安培、毫安、微安,相邻两单位的倍数关系为________倍。

A. 10　　　　B. 100

C. 1000

17. 不论电路如何复杂,总可归纳为由电源、________、中间环节三部分组成。

A. 负载　　　　B. 电容

C. 电感

18. 关于电路中电流方向的说法中,错误的是________。

A. 电流的实际方向不一定与其参考方向一致

B. 电流的参考方向可以任意选定

C. 电流总是从电源的正极流向电源的负极

19. 在电路中,关于电压和电流方向的关系,说法错误的是________。

A. 电压和电流的方向总是一致

B. 在电路元件中,电压和电流的参考方向常取一致的关联正方向

C. 在电源以外电路中,电流的方向就是电压降的方向

20. 电压的参考方向是指________。

A. 为了分析电路,任意选定的方向　　　　B. 电压的实际方向

C. 电位降低的方向

21. 电流的参考方向是指________。

A. 正电荷移动的方向　　　　B. 负电荷移动的方向

C. 为了分析电路,任意选定的方向

22. 关于电流电压参考方向的说法,正确的说法是________。

A. 电流参考方向必须与电压降参考方向一致

B. 电流参考方向必须与电压升参考方向一致

C. 电流电压参考方向都可以任意选定

23. 关于电流电压实际方向和参考方向的关系,正确的说法是________。

A. 电流电压的参考方向必须是各量对应的实际方向

B. 电流电压参考方向的选择与其实际方向无关

C. 电流的参考方向必须是电流实际方向,电压的参考方向可以不是电压实际方向

24. 下列元件中,可将电能转变为热能的基本元件是________。

A. 电阻　　　　B. 热敏电阻

C. 电感

25. 下列电路原理图中,电感的符号是________。

A.　　　　B.

C. ——| |——

26. 电阻并联时,各电阻中通过的电流与其电阻成________,各电阻消耗的功率与电阻成________。

A. 正比;反比　　B. 反比;正比

C. 反比;反比

27. 两个阻值相同的电阻,并联后总电阻为 5 欧姆,将它们改为串联,总电阻为________欧姆。

A. 25　　B. 5

C. 20

28. 串联电阻具有________的作用;并联电阻具有________的作用。

A. 减小电阻;分流　　B. 分流;分压

C. 分压;分流

29. 两个电阻相串联接入电路,各分得的电压与其阻值的关系是________。

A. 成正比　　B. 成反比

C. 在直流电路中成正比,在交流电路中成反比

30. 两个电阻相并联接入电路,各自流经的电流与其阻值的关系是________。

A. 成正比　　B. 成反比

C. 在直流电路中成正比,在交流电路中成反比

31. 关于多个电阻相并联,正确的说法是总的等效电阻值________。

A. 一定比这多个电阻中阻值最小的那个电阻值还要小

B. 一定比这多个电阻中阻值最小的那个电阻值略大一点

C. 不一定比这多个电阻中阻值最小的那个电阻值还要小

32. 电阻并联的特点是________。

A. 总电阻等于各电阻之和,流过各电阻的电流相等

B. 总电阻等于各电阻之和,加在各电阻两端的电压相等

C. 总电阻的倒数等于各电阻倒数之和,加在各电阻两端的电压相等

33. 图中等效电阻 R_{AB} =________欧姆。

A　2 Ω　5 Ω　10 Ω　6 Ω　30 Ω　B

A. 5　　B. 6

C. 7

34. 三个电阻的一端连接在一起构成一个节点,另一端分别接到外电路的三个节点,这种连接方式称为电阻的________连接。

A. 串联　　B. 并联

C. 星形

35. 三相交流电路中对称负载是指________。

A. 负载数值相等　　B. 负载性质相同

C. 负载阻抗相等

36. 三相对称负载三角形连接，则________。

A. $I_L=\sqrt{3}I_P$　　B. $I_L=\sqrt{2}I_P$

C. $I_P=\sqrt{3}I_L$

37. 若三相电动势 e_A、e_B、e_C 对称，则有________。

A. $e_A+e_B+e_C=3E$　　B. $e_A+e_B+e_C=0$

C. $e_A+e_B+e_C\neq 0$

38. 对称三相三线 Y-Y 系统中，每相电源的相电压为 220 V，若 A 相的负载发生短路的瞬间，B 相负载的相电压为________，C 相负载的相电压为________。

A. 220 V;220 V　　B. 380 V;380 V

C. 220 V;380 V

39. 对称 Y-Y 三相电路中，不正确的说法是________。

A. 中线不起作用　　B. 中线电流为零

C. 中线电流等于线电流

40. 对于三相对称正弦交流电，最正确的表述是________。

A. 三个电压幅值相等，方向相同的电动势

B. 三个电压幅值相等，频率相同的电动势

C. 三个电压幅值相等，频率相同，相位互差 120°的电动势

41. 三相电源的各线电压分别为 $u_{AB}=380\sqrt{2}\sin(314t+60°)$、$u_{BC}=380\sqrt{2}\sin(314t-60°)$、$u_{CA}=-380\sqrt{2}\sin314t$。则该电源是三相________电源，相序为________。

A. 对称;$A-C-B-A$　　B. 对称;$A-B-C-A$

C. 不对称;$A-B-C-A$

42. 如果三相负载的阻抗值均为 10 Ω，则该三相负载________。

A. 属三相对称负载　　B. 属三相不对称负载

C. 不一定是三相对称负载

43. 在三相四线制中性点接地供电系统中，关于中线的各结论中，错误的是________。

A. 三相负载做星形连接时，必须有中线

B. 三相对称负载做星形连接时,中线电流必等于零

C. 为了保证负载的相电压对称,不应让中性线断开

44. 交流电三相电势具有如下图所示的特征:最大值相同,角频率相同,并且在相位上互差 120°,此电源是________。

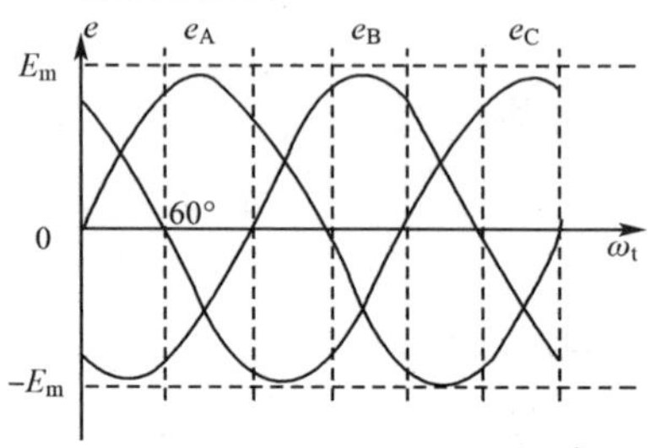

A. 三相不对称电势　　B. 正相序三相对称电势

C. 负相序三相对称电势

45. 如下图所示的三相电源是________,能提供________电压。

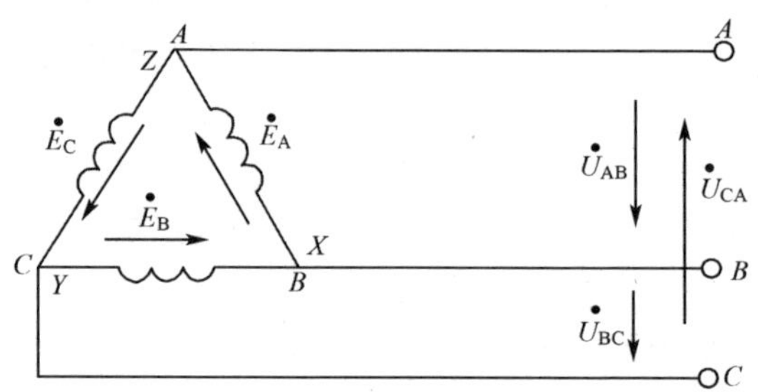

A. 三角形连接;两种　　B. 三角形连接;一种

C. 星形连接;两种

46. 在三相四线制中,若某三相负载对称,星形连接,则连接该负载的中线电流________。

A. 大于各相电流　　B. 小于各相电流

C. 为零

47. 对于三相电源的三角形连接,假设发电机发出的电压是三相对称的,________。

A. 无论负载是否三相对称,提供给负载的三相电压是对称的

B. 无论负载是否三相对称,提供给负载的三相电流是对称的

C. 只有负载三相对称,提供给负载的三相电压才是对称的

48. 对于某一负载来说,满足三相对称负载的条件是________。

A. $|Z_A| = |Z_B| = |Z_C|$　　B. $\varphi_A = \varphi_B = \varphi_C$

C. $\varphi_A = \varphi_B = \varphi_C$ 且 $|Z_A| = |Z_B| = |Z_C|$

49. 下述关于三相对称电势的说法，正确的是________。

A. 三相对称电势的三个幅值相等　　B. 三相对称电势的频率不相同

C. 三相对称电势的相位相同

50. 欧姆定律表明，当电压、电流的参考方向的选择相反时，数学表达式为________。

A. $I=U/R$　　B. $I=RU$

C. $I=-U/R$

51. 当电压、电流的参考方向选得一致时，电阻上的电压和电流关系可用________表示。

A. $I=U/R$　　B. $I=RU$

C. $R=IU$

52. 一电阻上的电压、电流参考方向如下图所示，已知 $U=10$ V，$R=5$ Ω，则电流为________。

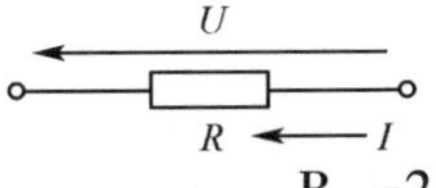

A. 2 A　　B. −2 A

C. 5 A

53. 一电阻上的电压、电流参考方向如下图所示，已知 $R=5$ Ω，$I=2$ A，则电压为________。

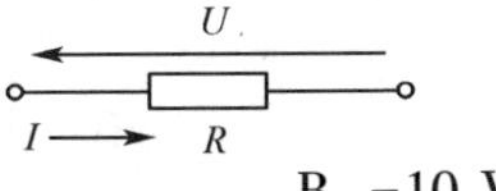

A. 10 V　　B. −10 V

C. 15 V

54. 一电阻上的电压、电流参考方向如下图所示，已知 $U=15$ V，$I=-3$ A，则电阻值为________。

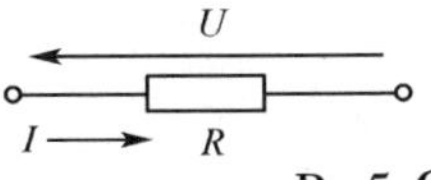

A. −3 Ω　　B. 5 Ω

C. 3 Ω

55. 一电阻上的电压、电流参考方向如下图所示，已知 $U=15$ V，$I=3$ A，则电阻值为________。

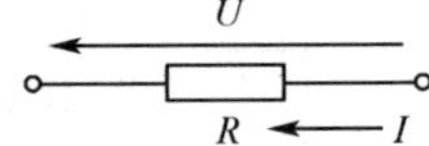

A. −5 Ω　　B. 5 Ω

C. 3 Ω

56. 一电阻上的电压、电流参考方向如下图所示，已知 $U=-15$ V，$I=3$ A，则电阻值为________。

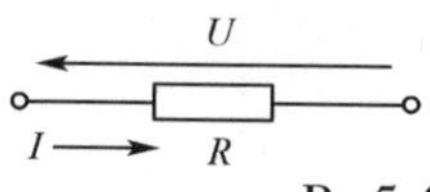

A. −5 Ω　　B. 5 Ω

C. 3 Ω

57. 欧姆定律表达式 $U=IR$ 仅适用下图中的________图。

A. 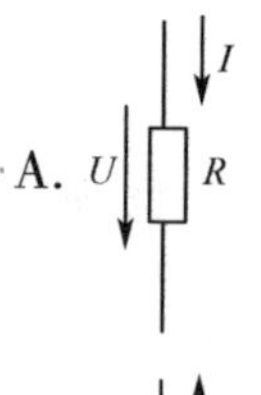

B. 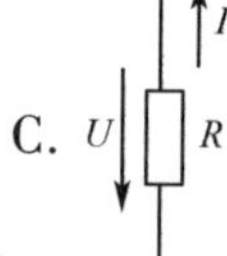

C. 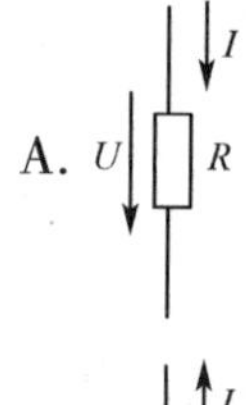

58. 欧姆定律表达式 $U=-IR$ 仅适用下图中的________图。

A. 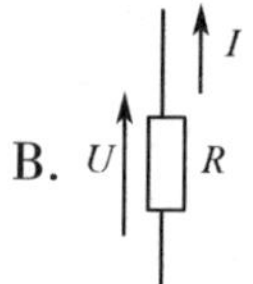

B. 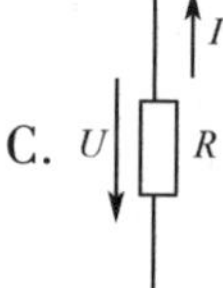

C.

59. 如下图所示，当开关未闭合时，开关两侧的 A 点与 B 点间的电压是________伏，B 点与 C 点间的电压是________伏。

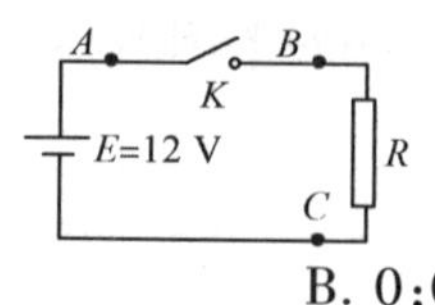

A. 0;12　　B. 0;0

C. 12;0

60. 当电压、电流的参考方向选的一致时，加在电阻两端的电压 U 与流过电阻的电流 I 和电阻 R 三者的关系为________。

A. $U=IR$　　B. $I=UR$

C. $U=I/R$

61. 关于全电路欧姆定律，表述正确的是________。

A. 负载短路时，电源内阻压降等于电源电动势

B. 负载短路时，因为电源有内阻，所以电源肯定不会烧坏

C. 输出端电压随负载的减小而增大

62. 如下图所示的电路中，流经负载 R_L 的电流为________。

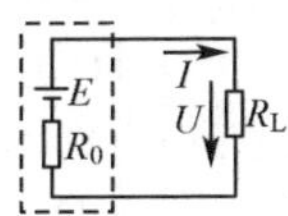

A. $I=-\frac{E}{R_0+R_L}$　　B. $I=\frac{E}{R_L}$

C. $I=\frac{E}{R_0+R_L}$

63. 关于下面电路，表述正确的是________。

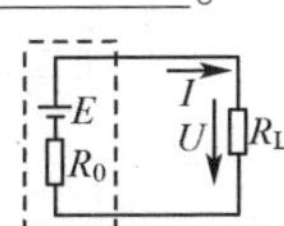

A. 电路中 I 越大，负载 R_L 的电压 U 就越高

B. 负载 R_L 越大，电路中 I 就越大

C. 负载 R_L 越大，负载 R_L 的电压 U 就越高

64. 如下图所示的电路中，负载开路时，$U=12$ V，负载短路时，$I=30$ A，那么 $R_0=$ ________ Ω。

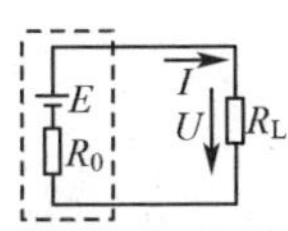

A. 0.4　　B. 12

C. 30

65. 根据基尔霍夫电流定律，若电路中有多根导线连接在同一个节点上，则流进节点的总电流一定________流出节点的总电流。

A. 等于　　B. 小于

C. 大于

66. 如下图所示，电流 I 为________ A。

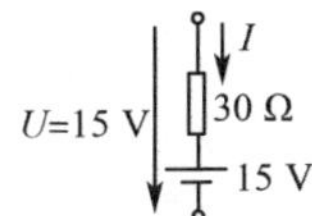

A. 0.5　　B. 0

C. 1

67. 如下图所示的电路中，电流 I 为________ A。

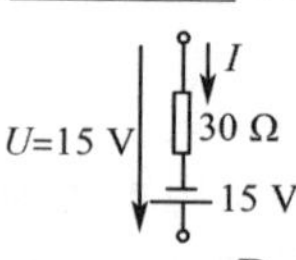

A. −1　　B. 0.5

C. 1

68. 如下图所示的电路中，电流 I 为________ A。

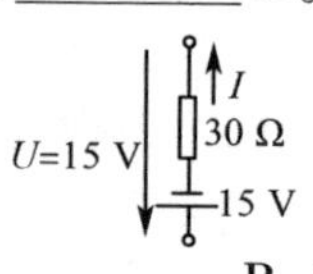

A. −1　　B. 0

C. 1

69. 如下图所示的电路中，在开关 S 打开和闭合时，I 分别为________。

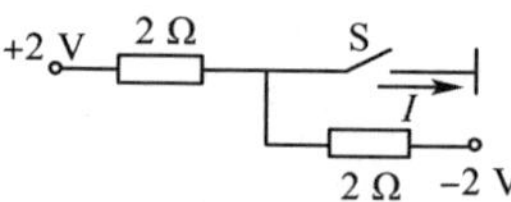

A. 0 A 和−2 A　　B. 1 A 和 2 A

C. 0 A 和 0 A

70. 直流电路某节点如下图所示，符合基尔霍夫第一定律的是________。

A. 2 A　4 A　6 A　　B. 2 A　4 A　−6 A

C. 2 A　4 A　−6A

71. 直流电路某节点如下图所示，由基尔霍夫第一定律可知，I_5 =________。

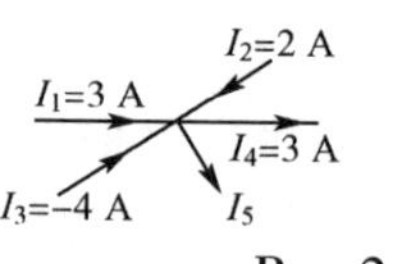

A. −4 A　　B. −2 A

C. 2 A

72. 直流电路中各节点的电流如下图所示，满足基尔霍夫第一定律的是________。

A. 2 A　2 A　0 A　　B. 2 A　2 A　4 A

C. 2 A 2 A 4 A

73. 直流电路中的某局部电路如下图所示，已知 $I_1 = 3$ A，$I_2 = 2$ A，那么 $I_3 =$ ________ A。

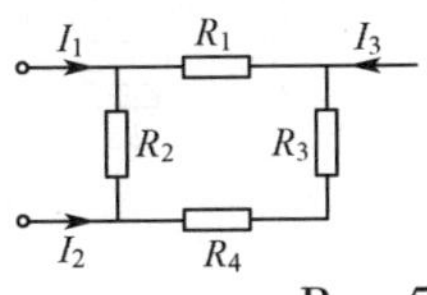

A. 1　　　　B. −5

C. 5

74. 在直流电路中，基尔霍夫第一定律的表达式为________。

A. $\sum I = 0$　　　　B. $\sum I_{IN} + \sum I_{OUT} = 0$

C. $\sum E = \sum IR$

75. 下图所示的电路中，AB 之间的电压 U_{AB} =________。

A　I　E_2　R　E_1　B

A. $E_1 - E_2 - IR$　　　　B. $E_2 - E_1 - IR$

C. $-E_1 + E_2 + IR$

76. 关于电位与参考电位的概念，下列说法错误的是________。

A. 电路中某点的电位等于该点与参考点之间的电位差

B. 在同一个电路或电气系统中，为便于分析，可选电路中不直接导线相连的两点作为参考电位点

C. 在一个电路中，可任选取一点，令其电位为零

77. 下列关于电位与电压的说法，错误的是________。

A. 电位与电压都表示电场力将单位正电荷从一点移到另一点所做的功

B. 电路中任意两点之间的电压值取决于参考点的选取

C. 电路中任意两点之间的电压值是绝对值，与参考点无关

78. 下列关于电位的说法，正确的是________。

A. 电位可以是正值、负值或零　　　　B. 电位只能是正值

C. 电位只能是负值

79. 下列关于参考电位的说法，错误的是________。

A. 参考电位点可以任意选定

B. 参考电位点的电位值为零

C. 为了分析方便，在一个电路中可以多选择几个参考电位点

80. 电路中某点电位的高低是相对于________而言的。
A. 电位参考点
B. 电路中电源的正极
C. 电路中电源的负极

81. 如下图所示电路中，V_A =________ V。

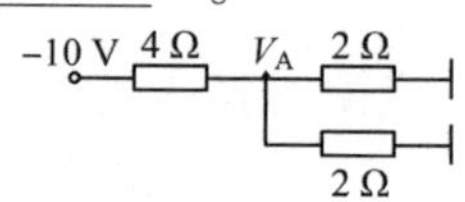

A. 8
B. 10
C. 4

82. 如下图所示电路中，V_A =________ V。

−10 V 4 Ω V_A 2 Ω

2 Ω

A. 2
B. −2
C. 4

83. 如下图所示电路中，V_A =________ V。

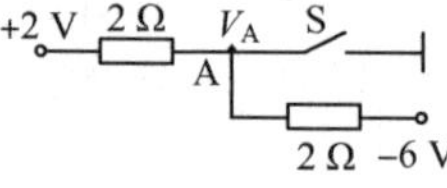

A. 5
B. 3.3
C. 0

84. 如下图所示电路中，在开关 S 打开时，A 点电位 V_A 为________ V。

+2 V 2 Ω V_A S

A

2 Ω −6 V

A. 0
B. −2
C. −6

85. 如下图所示电路中，c 点电位 V_c =________ V。

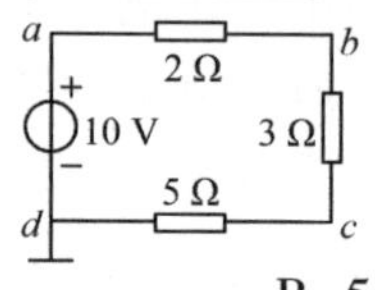

A. −5
B. 5
C. 15

86. 如下图所示电路中，a 点电位 V_a =________ V。

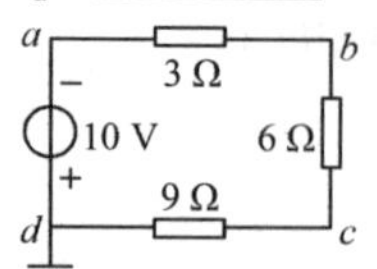

A. −10　　B. 10

C. 5

87. 如下图所示电路中，d 点电位 V_d =________V。

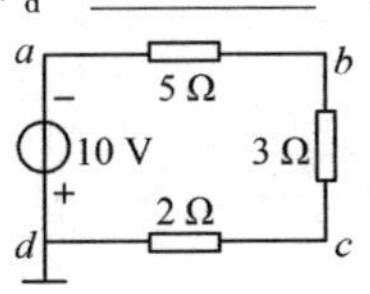

A. 0　　B. 10

C. −5

88. 如下图所示电路中，a、b、c 三点电位值中，最高点为________。

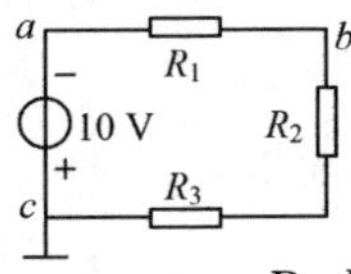

A. a　　B. b

C. c

89. 计算如下图所示的直流电路中 B 点的电位 V_B =________。

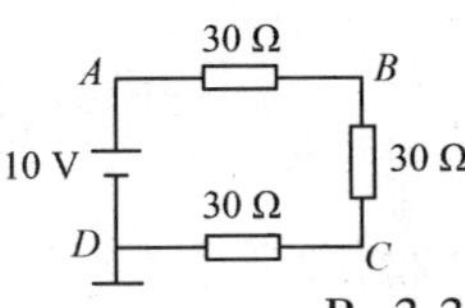

A. 4 V　　B. 1 V

C. 2 V

90.如下图所示电路中，A 点的电位 V_A =________V。

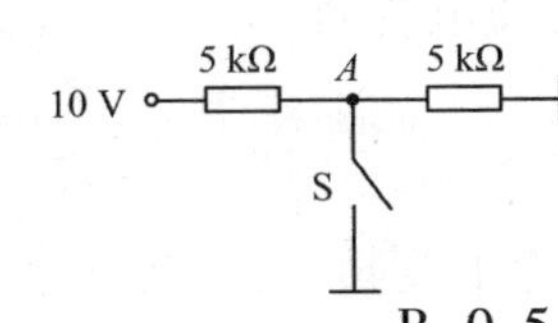

A. 0　　B. 3.3

C. 10

91. 如下图所示电路中，当开关 S 断开及闭合两种情况下，A 点的电位 V_A = ________V。

5 kΩ　A　5 kΩ

10 V

S

A. 0、0　　B. 0、5

C. 5、0

92. 已知 U_{AB} = 10 V，V_A = 15 V，那么 V_B =________V。

A. 5　　B. −5

C. 25

93. 如下图所示电路中,电位为正值的是________。

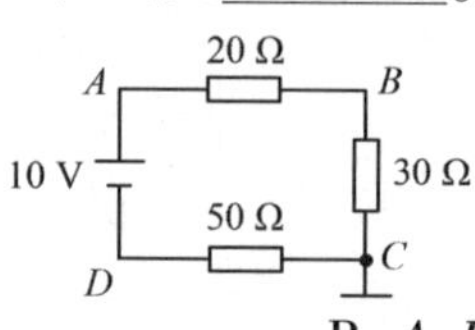

A. A、B、C、D B. A、B

C. A、B、D

94. 已知正弦交流电频率为 50 Hz,则周期为________。

A. 0.02 s B. 0.05 s

C. 0.01 s

95. 不属于正弦交流电三要素的物理量是________。

A. 频率 B. 幅值

C. 复阻抗

96. 某正弦交流电压的表达式为:$u(t)=10\sin(314t+30°)$,可以得出此正弦交流电压的频率为________ Hz。

A. 50 B. 100

C. 314

97. 已知某正弦交流电流的最大值为 100 A,周期为 0.01 s,初相位为 0,那么该电流的瞬时值表达式为________。

A. $i(t)=100\sin628t$ B. $i(t)=100\sqrt{2}\sin628t$

C. $i(t)=100\sin0.01t$

98. 不能衡量正弦电量变化速度的物理量是________。

A. 初相位 B. 频率

C. 角频率

99. 当正弦交流电流产生的热效应与同样大小的直流电流产生的热效应相同时,该直流电流的大小称为该交流电流的________。

A. 最大值 B. 有效值

C. 平均值

100. 工业上电量使用的频率称为工业频率,在我国,所谓的“工频”正弦交流电是指________。

A. 交流电的周期为 0.02 s B. 交流电的有效值为 220 V

C. 交流电的有效值为 380 V

101. 正弦交流电中电压的最大值 U_m 与电压有效值 U 的关系为________。

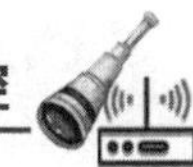

A. $U=\sqrt{2}U_m$　　B. $U=\sqrt{2}U$

C. $U=\sqrt{3}U_m$

102. 关于三相对称交流电的相序的叙述,正确的是________。

A. 只存在两种不同的相序

B. 存在三种不同的相序

C. 视方便,相序可任意假定,是人为的,没有实际意义

103. 如下图所示,三相电源星形连接时,在相电压对称、正相序的情况下,三个线电压也是对称的,且 u_{AB} 比 u_A 超前________。

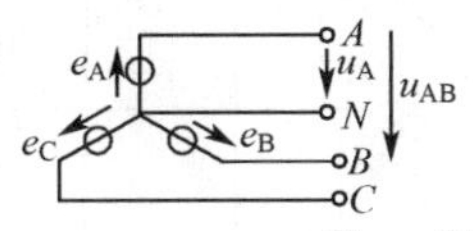

A. 30°　　B. −30°

C. 45°

104. 某发电机的接线如下图所示,这种连接方法是________连接,u_A 称为________。

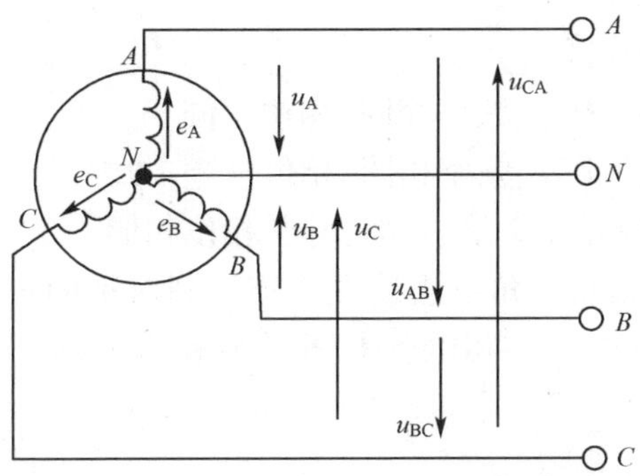

A. 三角形;相电压　　B. 星形;相电压

C. 星形;线电压

105. 某发电机的接线如下图所示,这种连接方法是________连接,u_{AB} 称为________。

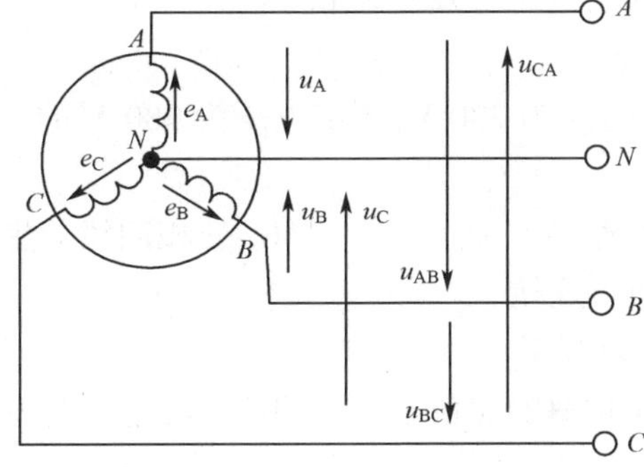

A. 星形;线电压　　B. 星形;相电压

C. 三角形;线电压

106. 某发电机的接线如下图所示,这种连接方法是________连接,N 线称为________。

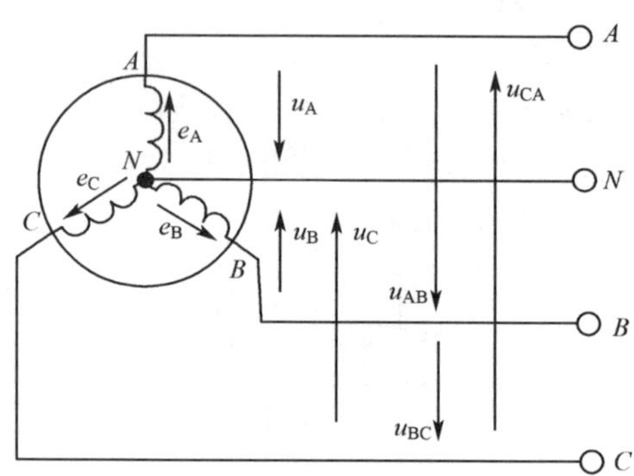

A. 星形;零线　　B. 星形;火线

C. 星形;相线

107. 三相对称电源的特点是________。

A. 三相电压最大值相等、频率相同、相位相同

B. 三相电压最大值相等、频率相同、相位互差 120°

C. 三相电压最大值相差 2 倍、频率相同、相位相同

108. 对称的三相负载,通过三角形连接方式连接到对称的三相电源上,线电压 U_L 和相电压 U_P、线电流 I_L 和相电流 I_P 的关系表达式为________。

A. $U_L=U_P, I_L=I_P$　　B. $U_L=\sqrt{3}U_P, I_L=I_P$

C. $U_L=U_P, I_L=\sqrt{3}I_P$

109. 在三相四线制连接的线路中,如果三相电源和负载都是对称的,那么流过中线的电流大小为________。

A. 流过三相负载的线电流有效值之和

B. 流过三相负载的相电流有效值之和

C. 零

110. 对称的三相电源线电压为 380 V,额定电压为 380 V 的三相对称负载,负载应采用________。

A. 三相三线的星形连接　　B. 三相四线的星形连接

C. 三相三线的三角形连接

111. 交流电路中功率因数等于________。

A. 有功功率与视在功率的比值　　B. 线路电压与电流的比值

C. 负载电阻与电抗的比值

112. 在 RLC 串联交流电路中,关于电路的功率因数 $\cos\varphi$,表达错误的是________。

A. $\cos\varphi=\dfrac{P}{S}$　　B. $\cos\varphi=\dfrac{R}{Z}$

C. $\cos\varphi=\dfrac{U_R}{U}$

113. 交流电路电阻上的功率是________。

A. 有功功率　　B. 无功功率

C. 视在功率

114. 交流电路电容上的功率是________。

A. 有功功率　　B. 无功功率

C. 视在功率

115. 交流电路中纯电阻的功率因数为________。

A. 1　　B. 0

C. 0.8

116.某一感性负载的线路上,在负载上并上一适当的电容器后,________。

A. 该负载的功率因数提高,流过负载的电流减少

B. 整个线路的功率因数提高,线路总电流不变

C. 整个线路的功率因数提高,线路总电流减少

117.关于提高感性线路功率因数的方法,可取的是________。

A. 在负载上串联一个合适的电容　　B. 在负载上并联一个合适的电阻

C. 在负载上并联一个合适的电容

118.提高日光灯电路功率因数的方法是并联适当电容器,电容器________。

A. 并联在镇流器两端　　B. 并联在灯管两端

C. 并联在镇流器与灯管串联后的两端(即电源两出线端)

119.提高交流电路功率因数的意义是________。

A. 减少线路和发电机的功率损耗　　B. 提高用电设备的寿命

C. 提高用电设备的有功功率

120.有两只功率为 60 W 的白炽灯泡,二者的光转换效率相同,都接在各自的额定电压(220 V、36 V)的电源上,试比较它们的亮度:________。

A. 一样亮　　B. 电压为 220 V 的亮

C. 电压为 36 V 的亮

121.一台功率为 1 kW 的发电机,端电压为 220 V。现接上 220 V、100 W 的白炽灯,灯将________。

A. 烧坏　　B. 发光太亮
C. 正常发光

122.关于电器额定值、实际值的说法,正确的是________。
A. 额定值就是实际值　　B. 照明负载额定值就是实际值
C. 为保证设备的安全和寿命,实际值应该等于或小于额定值

123.在对某控制装置投入使用之前的试灯检查时发现有一指示灯不亮,需要更换。在选配时除要注意外形尺寸和颜色外,电气参数应根据________选择。
A. 额定电压和电流　　B. 额定电压和功率
C. 额定电流和功率

124.某电阻元件的电阻值 $R=1\ \mathrm{k}\Omega$,额定功率 $P_N=2.5\ \mathrm{W}$,正常使用时允许流过的最大电流为________。
A. 2.5 A　　B. 250 mA
C. 50 mA

125.有一额定值为 5 W,500 Ω 的线绕电阻,其额定电流为________,在使用时电压不得超过________。
A. 0.01 A;5 V　　B. 0.1 A;50 V
C. 1 A;500 V

126.厨房使用的电炉子检修发现:如果阻丝烧断后,去掉烧断部分重新接入电路再使用,使用不长时间后又一次烧断。这是因为阻丝截短后,阻值________,造成再次使用时间缩短。
A. 增大,据 $P=I^2R$,势必超额定功率工作
B. 减小,据 $P=U^2/R$,势必超额定功率工作
C. 增大,据 $P=U^2/R$,势必低于额定功率工作

127.在下列白炽灯泡中,电阻最大的是________。
A. 100 W,20 V　　B. 100 W,110 V
C. 60 W,220 V

128.设一负载(例如电灯)两端不慎短路,下列说法最恰当的是________。
A. 不会对线路造成寿命损伤　　B. 负载过功率工作
C. 不会对负载造成寿命损伤

129.设下图为一电路中的一含源支路,则________错误。

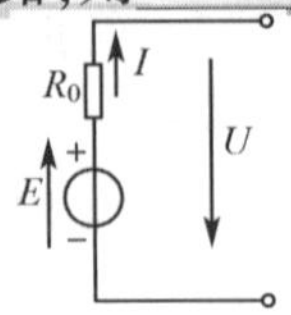

A. U 不可能比 E 大

B. 若 $U>E$，则 I 为负并由 U 克服 E 产生

C. 若 $E>U$，则有 $U=E-IR_0$

130.如下图所示电路中，电流表和电压表都是理想的。当滑动变阻器滑片下移时，两表的读数为________。

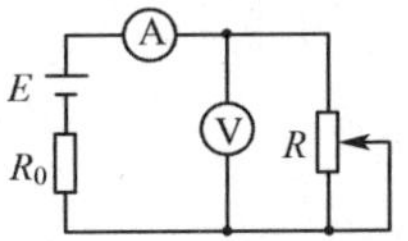

A. 电压表读数增大，电流表读数减小　B. 电压表读数减小，电流表读数减小

C. 电压表读数增大，电流表读数增大

131.已知单个蓄电池的电动势为 2 V，内阻为 R_0。现将 10 个这样的蓄电池串联起来组成蓄电池组，则该蓄电池组的空载电压及内阻分别为________。

A. 20 V、$5R_0$　B. 20 V、$10R_0$

C. 10 V、$5R_0$

132.100 V 直流电源为 RL 串联电路供电，其中 $R=10\ \Omega$，$L=1$ H，流过 RL 电路的电流最后稳定在________。

A. 10 A　B. 5 A

C. 7.07 A

133.电冰箱工作时，实际消耗的电功率是 100 W，一个月（按 30 天计算）电冰箱消耗电能是________。

A. 72 kW · h　B. 36 kW · h

C. 18 kW · h

134.直流电路如下图所示，U_{ab} = ________，I = ________。

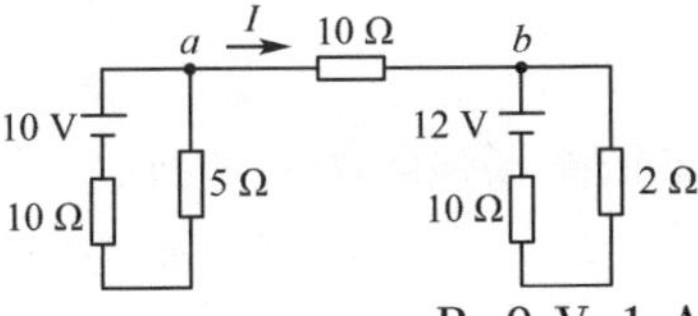

A. 0 V;0 A　B. 0 V;1 A

C. 10 V;1 A

135.在单一元件构成的正弦交流电路中，已知电压 $u=220\sqrt{2}\sin 314t$，电流 $i=50\sqrt{2}\sin(314t-90°)$，那么该元件为________。

A. 纯电阻　B. 纯电容

C. 纯电感

136. 下列元件中，可将电能转变为磁能的基本元件是________。

A. 电阻 B. 电容
C. 电感

137.能够储存电场能量的元器件是________。
A. 电阻 B. 电容
C. 半导体二极管

138.电容在电路中具有________的特性。
A. 分压 B. 通直流、隔交流
C. 通交流、隔直流

139.一电解电容的标称值是 110 V、10 μF,________是正确的。
A. 电容两端允许加电压的最大值是 110 V,电容量的大小与所加电压有关
B. 电容两端允许加电压的最大值是 110 V,电容量的大小与所加电压无关
C. 电容两端允许加电压的有效值是 110 V,电容量的大小与所加电压无关

140.在图示电容电路中,电压与电流的正确关系式应是________。

u + − i C

A. $u=Ci$ B. $i=C\dfrac{\mathrm{d}u}{\mathrm{d}t}$
C. $u=C\dfrac{\mathrm{d}i}{\mathrm{d}t}$

第三节　电机学

1. 磁力线是________曲线,永磁铁的外部磁力线从________。
A. 闭合;S 极到 N 极 B. 开放;S 极到 N 极
C. 闭合;N 极到 S 极

2. 能定量地反映磁场中某点的磁场强弱的物理量是________。
A. 磁通密度 B. 磁力线
C. 磁通

3. 磁力线可以用来形象地描述磁铁周围磁场的分布情况,下列说法错误的是________。
A. 每一根磁力线都是闭合的曲线 B. 任意两根磁力线都不能交叉
C. 磁力线的长短反映了磁场的强弱

4. 关于磁场和磁力线的描述,下列说法错误的是________。
A. 磁铁的周围存在磁场

B. 磁力线总是从磁铁的北极出发,经外部空间回到南极;而在磁铁的内部,则由南极到北极

C. 在距磁铁很远处,其磁力线可能会交叉

5. 磁感应强度是表示磁场内某点的________强弱和方向的物理量。

A. 磁场　　B. 电压

C. 磁通

6. 均匀磁场的磁感应强度________。

A. 大小相同　　B. 方向相同

C. 大小、方向相同

7. 用来描述物质导磁能力强弱的物理量是________。

A. 电阻率　　B. 电导率

C. 磁导率

8. 磁铁的磁力线是________曲线,在磁铁的外部磁力线的方向是________。

A. 闭合;N 极指向 S 极　　B. 闭合;S 极指向 N 极

C. 开放;N 极指向 S 极

9. 磁通的国际单位是________。

A. 特斯拉　　B. 韦伯

C. 高斯

10. 磁力线能够定性地描述磁力的强弱和方向,关于磁力线的描述正确的是________。

A. 每一根磁力线都是闭合的曲线　　B. 磁力线总是从 N 极指向 S 极

C. 磁力线的长短反映了磁场的强弱

11. 右手螺旋定则中, 拇指所指的方向是________。

A. 电流方向　　B. 磁力线方向

C. 电流或磁力线方向

12. 关于电与磁的正确说法是________。

A. 电荷的周围一定存在磁场　　B. 电流的周围一定存在磁场

C. 电流处于磁场中一定受到力的作用,电与磁密不可分

13. 下图所示的通电线圈内产生的磁通方向是________。

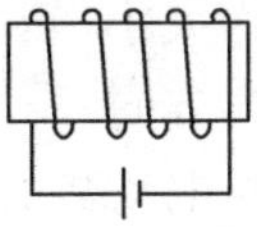

A. 从左到右　　B. 没有

C. 从右到左

14. 用右手螺旋定则判断图中通电线圈所产生的磁场极性,正确的是________。

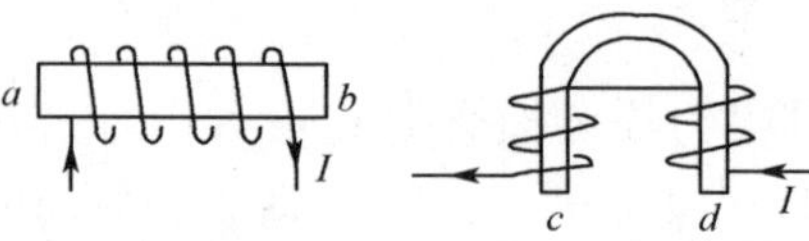

A. a:S;d:S　　B. a:S;d:N

C. a:N;d:S

15. 以下说法中不正确的是________。

A. 电流的周围存在磁场

B. 电与磁毫无关系,电流须在闭合电路才能产生,而磁力线在空间就能形成闭合回线

C. 电与磁不可分割

16. 确定电流的方向和磁场的方向关系用右手螺旋定则,在通电直导体时大拇指表示________方向,在通电线圈时大拇指则表示________方向。

A. 电流;电流　　B. 电流;磁场

C. 磁场;磁场

17. 电流通入线圈后将在线圈中产生磁场,其电流方向与磁场方向符合________。

A. 右手螺旋定则　　B. 右手定则

C. 左手定则

18. 载流导体在垂直磁场中将受到________的作用。

A. 电场力　　B. 磁吸力

C. 电磁力

19. 电动机能够转动的理论依据是________。

A. 载流导体在磁场中受力的作用

B. 载流导体周围存在磁场

C. 载流导体中的电流处于自身产生的磁场中,受力的作用

20. 左手定则中,四个手指(拇指除外)所指的方向是________的方向。

A. 导体运动　　B. 电流

C. 受力

21. 可以用左手定则来判断________。

A. 运动的带电粒子在磁场中受力大小

B. 运动的带电粒子在磁场中受力方向

C. 在磁场中运动的导体产生感应电动势的大小

22. 左手定则其掌心对着磁力线的方向,四指指向表示________;拇指指向表示________。

A. 受力方向;电流方向　　B. 电流方向;受力方向
C. 受力方向;磁场方向

23. 左手定则中,拇指所指的方向是________方向。
A. 电流　　B. 磁力线
C. 受力

24. 左手定则中,四个手指所指的方向是________方向。
A. 电流　　B. 磁力线
C. 受力

25. 一直流电站在某次特大短路事故后,发现汇流排母线被强行拉弯,原因是短路电流太大,形成较大的________造成的,弯曲的方向由________决定。
A. 电场力;短路时母线中的电流方向
B. 电磁力;母线的截面积
C. 电磁力;短路时母线中的电流方向

26. 所谓电流的力效应是指________。
A. 载流导体在磁场中会产生电场力
B. 载流导体在磁场中会产生电磁吸力
C. 载流导体在磁场中会受到力的作用

27. 左手定则中,四指指向的是________方向,拇指指向的是载流导体的________方向。
A. 电流;受力　　B. 受力;电流
C. 受力;磁场

28. 通电导体切割磁力线将会产生感应电动势,确定磁场、导体运动和感应电动势方向关系应用________。
A. 右手螺旋定则　　B. 左手定则
C. 右手定则

29. 一段导线在磁场中运动,则________。
A. 不一定产生感应电动势　　B. 一定产生感应电流
C. 一定产生感应电动势和感应电流

30. 当电感较大的线圈从电源切断时,线圈两端将产生很高的电压,这是________的结果。
A. 电感值变化　　B. 电感线圈电阻太小
C. 自感现象

31. 当导体与磁力线之间有相对切割运动时,则________。
A. 在导体中就一定产生感应电动势

B. 可能会在导体中产生感应电动势

C. 不一定产生感应电动势

32. 关于直导体感应电动势 $e=Blv$ 的说法中,正确的是________。

A. 相对运动导体单位时间内切割的磁力线数

B. 式中的 v 可以向任何方向切割

C. B 不一定是均匀磁场

33. 下列关于线圈的感应电动势的说法,正确的是________。

A. 当线圈中有磁通穿过时,就会产生感应电动势

B. 当线圈周围的磁通变化时,就会产生感应电动势

C. 当穿过线圈中的磁通变化时,就会产生感应电动势

34. 如下图所示,利用伏安法测量线圈的内阻。测量完毕后,若直接将电源开关打开,则________。

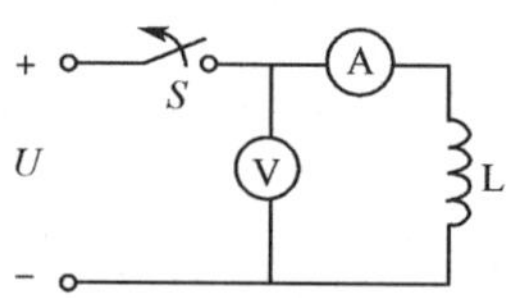

A. 由于自感,产生过电流可能损伤电流表

B. 由于自感,产生过电压可能损伤电压表

C. 属于正常操作,无不良后果

35. 下列关于自感电动势的说法,错误的是________。

A. 当穿过线圈的磁通链发生变化时产生的电动势就是自感电动势

B. 当流过线圈自身的电流变化时产生的电动势就是自感电动势

C. 自感电动势的大小与电流的变化率成正比

36. 关于自感电动势的说法,正确的是________。

A. 直流电路中是不可能产生自感电动势的

B. 自感电动势的方向总是阻碍电流变化的方向

C. 自感电动势是有害的

37. 当与线圈铰链的磁通发生变化时,线圈回路中便将产生感应电动势 e,其大小与磁通的变化率成________关系。

A. 正比　　B. 反比

C. 积分

38. 应用左手定则来确定通电的导体在磁场中的受力方向,受力方向用箭头表示,图示正确的是________。

A. 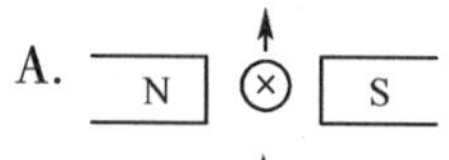

B. 

C. 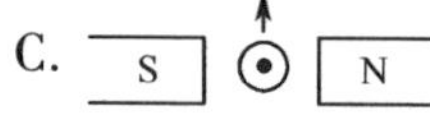

39. 软磁材料的特点是________。
    A. 磁滞回线面积较大，剩磁较小　　B. 磁滞回线面积较小，剩磁较小
    C. 磁滞回线面积较小，剩磁较大
40. 对于各种电机、电器设备要求其线圈电流小而产生的磁通大，通常在线圈中要放有铁芯，这是基于铁磁材料的________特性。
    A. 磁饱和性　　B. 磁滞性
    C. 高导磁性
41. 一般船用电机铁芯材料用________。
    A. 软磁材料　　B. 永磁材料
    C. 矩磁材料
42. 铁磁材料被磁化的过程中，当磁化电流越大时，铁磁材料所呈现的磁性________。
    A. 强度不变　　B. 增强但趋于饱和
    C. 越弱
43. 按磁性物质的磁性能，磁性材料一般可分为三类。其中，一般用来制造电机、电器及变压器的铁芯的是________。
    A. 永磁材料　　B. 软磁材料
    C. 硬磁材料
44. 在铁芯线圈中通电后，线圈内产生的磁感应强度与线圈中的电流关系是________。
    A. 成正比　　B. 成反比
    C. 呈磁滞性和磁饱和性
45. 磁滞损耗与铁芯材料的磁滞回线所包围的面积________。
    A. 成正比　　B. 成反比
    C. 无关
46. 铁芯线圈通交流电后，铁芯发热的主要原因是________。
    A. 涡流损耗　　B. 磁滞损耗
    C. 涡流和磁滞损耗
47. ________是减小磁滞损耗的常用措施。
    A. 增加涡流的路径　　B. 在普通钢中加入少量硅
    C. 采用软磁材料
48. 下列关于铁损的说法，正确的是________。
    A. 铁损是铁芯中磁滞损耗和涡流损耗的总称
    B. 铁损的大小与剩磁的大小成正比

C. 铁损的大小与矫顽力的大小成正比

49. 铁磁材料磁滞回线包围的面积反映了材料________的大小。

A. 磁滞损耗　　B. 磁导率

C. 磁阻率

50. 变压器的变换功能主要有________。

A. 变电压、变电流、变功率　　B. 变电压、变电流、变阻抗

C. 变频率、变电流、变功率

51. 升压变压器原、副边匝数的关系为________。

A. $N_1>N_2$　　B. $N_2>N_1$

C. $N_2=N_1$

52. 一台 50 Hz、220 V/24 V 的单相变压器,在修理时,如果将原边匝数增加 5%,副边匝数不变,接在 220 V 的电源上,则副边电压将________,铁芯中的磁通将________。

A. 降低;降低　　B. 升高;升高

C. 降低;升高

53. 理想变压器原边所加电压增加 10%,同时电源频率保持不变,而变压器的原、副边绕组匝数各增加 10%,则变压器的铁芯中主磁通会________。

A. 增加 10%　　B. 减少 10%

C. 基本不变

54. 变压器原、副边绕组的匝数分别为 N_1、N_2,变压器的变比 K 为________。

A. $\frac{N_1}{N_2}$　　B. $\frac{N_2}{N_1}$

C. $\frac{N_1+N_2}{N_2}$

55. 变压器接电源的绕组称为变压器的________绕组。

A. 高压　　B. 低压

C. 一次侧

56. 某单相变压器原、副边匝数比为 110 : 9,若输入电压为 220 V,则输出空载电压为________。

A. 3 V　　B. 9 V

C. 18 V

57. 有一台单相变压器,变比为 K,二次侧负载阻抗折算到一次侧时,为实际值的________倍。

A. K　　B. K^2

C. $2K$

58. 三相变压器相电压的变比为 K,当三相变压器的原、副边接成 Y/Y 形时,则原、副边的线电压的变比为________。

A. K　　B. $\sqrt{3}K$

C. $3K$

59. 三相变压器额定电压为空载时的________,额定电流为________。

A. 额定相电压;额定相电流　　B. 额定线电压;额定相电流

C. 额定线电压;额定线电流

60. 三相变压器的 YD 接法是指________。

A. 原绕组是星形接法,副绕组是星形接法

B. 原绕组是星形接法,副绕组是三角形接法

C. 原绕组是三角形接法,副绕组是星形接法

61. 电流互感器的副边不允许________,电压互感器的副边不允许________。

A. 开路;短路　　B. 开路;开路

C. 短路;开路

62. 电压互感器运行时________。

A. 接近空载状态,二次侧不允许开路

B. 接近空载状态,二次侧不允许短路

C. 接近短路状态,二次侧不允许开路

63. 电流互感器运行时________。

A. 接近短路状态,二次侧不允许短路

B. 接近空载状态,二次侧不允许短路

C. 接近短路状态,二次侧不允许开路

64. 电压互感器实质上是一个________。

A. 空载运行的降压变压器

B. 空载运行的升压变压器

C. 短路状态下运行的降压变压器

65. 电流互感器实质上是一个________。

A. 短路状态下运行的升压变压器

B. 空载运行的升压变压器

C. 短路状态下运行的降压变压器

66. 为保证互感器的安全使用,要求互感器________。

A. 必须铁芯、副绕组都接地　　B. 只铁芯接地即可

C. 只副绕组接地即可

67. 电压互感器原绕组匝数________,副绕组匝数________。
    A. 多;多 B. 多;少
    C. 少;多
68. 电流互感器原绕组线径________,副绕组线径________。
    A. 粗;粗 B. 细;细
    C. 粗;细
69. 三相异步电动机额定运行时,其三相绕组可接成△形,也可接成Y形。究竟接哪一种形式,应根据________来确定。
    A. 负载的大小 B. 绕组的额定电压和电源电压
    C. 输出功率多少
70. 三相异步电动机铭牌的功率因数值是指________。
    A. 任意状态下的功率因数 B. 额定运行下的功率因数值
    C. 任意状态下的线电压和线电流之间的相位差
71. 一台三相异步电动机的铭牌上标注220 V/380 V,接法△/Y,每相绕组的额定电压为220 V,现接在380 V电源上,其接法应采用________。
    A. △ B. Y
    C. △和Y皆可
72. 一台三相异步电动机铭牌上标明:电压220 V/380 V、接法△/Y,在额定电压下采用两种接法时,每相绕组上的电压________,在相同负载时通过每相绕组的电流________。
    A. 不同;相同 B. 相同;不同
    C. 相同;相同
73. 三相异步电动机铭牌上标明:电压220 V/380 V、接法△/Y,两种接法分别在额定电压下运行时,电动机的额定功率________;在相同负载时线电流________。
    A. 不同;相同 B. 相同;不同
    C. 相同;相同
74. 三相异步电动机铭牌上的额定功率是指三相异步电动机额定运行时,________。
    A. 输入的三相电功率 B. 轴上输出的机械功率
    C. 电磁功率
75. 三相异步电动机铭牌中的额定电压为 U_N、额定电流为 I_N 分别是指在额定输出功率时定子绕组上的________。
    A. 线电压、相电流 B. 相电压、线电流

C. 线电压、线电流

76. 额定电压为 380 V/220 V 的三相异步电动机，可以在不同的电压等级下接成 Y 形或△形运行。这两种情况下，额定工况时线电流 I_Y 与 $I_\triangle$ 的关系为________。

A. $I_Y = I_\triangle/3$　　B. $I_Y = I_\triangle/\sqrt{3}$

C. $I_Y = \sqrt{3} I_\triangle$

77. 三相交流异步电动机按转子结构分有________。

A. 鼠笼式和绕线式　　B. 绕线式和空心杯型转子

C. 鼠笼式和空心杯型转子

78. 三相异步电动机的定子是由________组成的。

A. 机座、定子铁芯和定子绕组　　B. 机座、滑环和定子铁芯

C. 转轴、机座和定子绕组

79. 以下关于三相异步电动机结构的说法，不正确的是________。

A. 三相定子绕组互不独立

B. 定子铁芯由硅钢片经过绝缘处理后叠压而成

C. 正常工作时的转子绕组必须是闭合的

80. 绕线式三相异步电动机转子绕组________。

A. 与定子绕组结构相似　　B. 不能外串联星形电阻

C. 各相不独立

81. 下列有关三相异步电动机铭牌额定值的含义，表述正确的是________。

A. 额定转速 n_N 是电动机在额定状态运行时的转子转速

B. 额定电压 U_N 是指额定状态运行时，加在电机定子绕组上的相电压

C. 额定电流 I_N 是指电动机工作在额定状态运行时，转子绕组流过的线电流

82. 下列关于三相异步电动机定子铁芯的描述，不正确的是________。

A. 由硅钢片叠压而成　　B. 构成电机磁路的一部分

C. 由整块硅钢浇注成形

83. 三相异步电动机铭牌上的额定功率是当带有额定负载时的________。

A. 输入的三相电功率　　B. 定转子铁损耗

C. 轴上输出的机械功率

84. 三相异步电动机的旋转方向与三相交流电源的________有关。

A. 电流大小　　B. 频率大小

C. 相序

85. 异步电动机工作于电动机状态时，转子绕组中的电流是________。

A. 直流　　B. 低于定子电流频率的交流

C. 高于定子电流频率的交流

86. 三相异步电动机的同步转速 n_o 与电源频率 f、磁极对数 p 的关系是________。
    A. $n_o=60f/p$　　B. $n_o=60p/f$
    C. $n_o=pf/60$
87. 三相异步电动机处于电动机工作状态时，其转差率一定为________。
    A. $s>1$　　B. $s=0$
    C. $0<s<1$
88. 三相对称交流电加在三相异步电动机的定子端，将会产生________。
    A. 静止磁场　　B. 脉动磁场
    C. 旋转圆形磁场
89. 异步电动机在起动瞬间的转差率 s = ________，空载运行时转差率 s 接近________。
    A. 1;0　　B. 0;1
    C. 1;1
90. 当三相异步电动机转差率 $0<s<1$ 及 $-1<s<0$ 时，电动机分别工作于________状态。
    A. 正向电动；反向电动　　B. 正向电动；反接制动
    C. 正向电动；再生制动
91. 交流异步电动机的工作原理是基于________。
    A. 电磁感应　　B. 自感电动势
    C. 互感电动势
92. 异步电动机空载时的功率因数与满载时比较，前者比后者________。
    A. 高　　B. 低
    C. 都等于 1
93. 三相异步电动机在额定的负载转矩下工作，如果电源电压降低，则电动机会________。
    A. 过载　　B. 欠载
    C. 满载
94. 在相同电源下，将三角形接法的三相异步电动机改接为星形接法运行，其结果是最大输出转矩________。
    A. 不变，电流不变　　B. 增加，电流减小
    C. 减小，电流减小
95. 三相异步电动机定子各相通入三相交流电，定子________。
    A. 产生旋转磁场　　B. 产生脉动磁场
    C. 产生恒定磁场

96. 关于三相异步电动机定子通入三相交流电所产生的定子磁场,下列说法正确的是________。
    A. 磁场旋转方向不随相序的变化而变化
    B. 磁场转速不随定子电压的变化而变化
    C. 磁场大小和方向始终保持不变
97. 三相异步电动机在电动运行状态下,下列说法正确的是________。
    A. 转子导体必定切割定子磁场　　B. 定子磁场是恒定磁场
    C. 转子导体无感应电流流过
98. 三相异步电动机在电动运行状态下,________。
    A. 转子旋转方向与定子磁场旋转方向相同
    B. 转子旋转方向与定子磁场旋转方向相反
    C. 转子导体内无感应电流流过
99. 三相异步电动机工作于电动运行状态,其转子绕组________。
    A. 由于无外部电源对转子供电,故无电流
    B. 由于有电磁感应,故有电流
    C. 由于无电磁感应,故无电流
100. 直流电动机的电磁转矩的大小与________成正比。
    A. 电机转速　　B. 主磁通和电枢电流
    C. 主磁通和转速
101. 在结构上带有换向极的电机是________。
    A. 直流电机　　B. 交流异步电动机
    C. 交流伺服电动机
102. 直流电机由定子和转子两大部分组成:定子由主磁极、________、机座、端盖和电刷装置等组成,转子由电枢铁芯、电枢绕组、________、转轴和风扇等组成。
    A. 换向器;换向极　　B. 换向极;换向器
    C. 换向极;换向极
103. 换向器在负载作用下长期运行后,表面会产生一层坚硬的深褐色薄膜,这层薄膜会________换向器表面,因此要________这层薄膜。
    A. 保护;保护　　B. 破坏;清除
    C. 保护;定期打磨
104. 在直流电机的定子里有主磁极和换向极之分。主磁极是________;换向极是________。
    A. 形成 N、S 相间排列的主磁场;改善电枢绕组中电流的换向过程

B. 形成 N、S 相间排列的主磁场;改善主磁场的换向过程

C. 旋转磁场/削弱电枢绕组的电枢反应

105. 直流电动机最常用的起动方法是________。

A. 在励磁回路串电阻　　B. 直接起动

C. 在电枢电路串电阻

106. 改变直流电动机转向的方法有________。

A. 对调接电源的两根线　　B. 改变电源电压的极性

C. 改变主磁通的方向或改变电枢中电流方向

107. 关于直流电机的电动势的表达式正确的是________。(其中,K_E——电机结构常数;I_a——电枢电流;T——电机电磁转矩;Φ——电机主磁极磁通;n——电机转速)

A. $E=K_E T\Phi$　　B. $E=K_E I_a \Phi$

C. $E=K_E n\Phi$

108. 在直流电机中,故障率最高,维护量最大的部件是________。

A. 主磁极　　B. 换向器与电刷

C. 电枢绕组

109. 在直流发电机中,感应电势的方向和电枢电流________,向外输出功率;而在电动机中,感应电势的方向和电枢电流________,从外加电源吸收功率。

A. 相反;相同　　B. 相反;相反

C. 相同;相反

110. 直流电机带动恒转矩负载匀速运转,在励磁电流和外加电枢电压不变的情况下,转速越________,说明负载转矩越________。

A. 高;大　　B. 高;小

C. 不稳;大

111. 关于直流电机的主要特点,叙述正确的是________。

A. 直流电动机的调速性能良好,但是起动、制动转矩小

B. 直流电动机结构及运行过程中存在的薄弱环节是电刷与换向器

C. 要改变直流电动机的转向需同时改变励磁电流和电枢电流的方向

112. 下述实现直流电动机反转的方法,正确的是________。

A. 改变电枢电流的方向,而保持励磁电流的方向不变

B. 同时改变励磁电流和电枢电流的方向

C. 他励电动机需同时将励磁绕组和电枢绕组的两引出线对调

113. 在直流电动机中电磁力矩的方向和转向________,是拖动负载的转矩;在发电机中,电磁力矩的方向和转向________,为制动转矩。

A. 相反;相反　　B. 相同;相反

C. 相反;相同

114. 下列部件中,不属于同步发电机定子的是________。

A. 电枢　　B. 电刷

C. 滑环

115. 下列部件中,不属于同步发电机转子的是________。

A. 电刷　　B. 滑环

C. 转轴

116. 船舶同步发电机旋转部件为________。

A. 定子　　B. 转子

C. 机座

117. 船舶同步发电机励磁绕组安装在________上。

A. 定子　　B. 转子

C. 机座

118. 船舶同步发电机电枢绕组安装在________上。

A. 定子　　B. 转子

C. 机座

119. 船舶三相同步发电机的定子绕组多是________。

A. 三相励磁绕组　　B. 单相励磁绕组

C. 三相电枢绕组

120. 船舶三相同步发电机的转子绕组多是________。

A. 三相励磁绕组　　B. 单相励磁绕组

C. 三相电枢绕组

121. 船舶三相同步发电机的轴承一般采用________冷却。

A. 自然　　B. 水

C. 油

122. ________不属于三相同步发电机端电压波动的原因。

A. 原动机转速不稳　　B. 没有剩磁

C. 负载的性质变化

123. 同步发电机运行时,通常要求随着负载的变化,其端电压最好________。

A. 根据负载的增加而增大　　B. 根据负载的增加而减小

C. 保持不变

124. 船舶三相同步发电机的转子绕组需加________进行励磁。

A. 三相交流电流　　B. 直流电流

C. 单相交流电流

125. 船舶三相同步发电机运转后无电压输出,处理方法首选________。
A. 充磁 B. 检查励磁系统
C. 检查发电机

126. 同步发电机铭牌上标有的额定功率是指发电机的________,额定电压是指发电机的________。
A. 输出有功功率;相电压 B. 输出有功功率;线电压
C. 输入有功功率;相电压

127. 下列参数中,哪一项不是同步发电机的额定值?
A. 额定电压 B. 磁极对数
C. 额定转速

128. 船用同步发电机定子绕组的连接方式是________连接。
A. Y B. D
C. Y0

129. 船舶同步发电机铭牌上 U_N代表________。
A. 额定功率 B. 额定电压
C. 额定电流

130. 船舶同步发电机铭牌上 I_N代表________。
A. 额定功率 B. 额定电压
C. 额定电流

第四节 电子技术

1. 下列关于 P 型半导体的说法,错误的是________。
A. 空穴是多数载流子
B. 在二极管中,P 型半导体一侧接出引线后,是二极管的正极
C. 在纯净的硅衬底上,掺杂五价元素,可形成 P 型半导体

2. ________不是表征半导体的基本特征。
A. 温度升高,导电能力提高 B. 有两种载流子
C. 电阻率很小,接近金属导体

3. PN 结是构成各种半导体器件的基础,其主要特性是________。
A. 具有电流放大特性 B. 具有单向导电特性
C. 具有电压放大特性

4. P 型半导体中的多数载流子________,N 型半导体中的多数载流子________。

A. 空穴;空穴　　B. 空穴;电子

C. 电子;空穴

5. 杂质半导体中多数载流子的浓度主要与________有关。

A. 温度　　B. 光照度

C. 掺杂浓度

6. 对于半导体材料,若________,则导电能力减弱。

A. 环境温度降低　　B. 掺杂金属元素

C. 增大环境光照强度

7. 关于二极管的功能,二极管不具有________。

A. 整流功能　　B. 滤波功能

C. 钳位功能

8. 如下图所示电路,$R=10\ \mathrm{k\Omega}$,忽略二极管导通时的管压降,则电流表的读数是________。

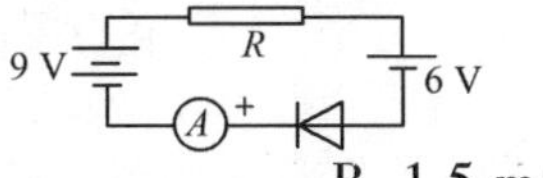

A. 0 mA　　B. 1.5 mA

C. 0.3 mA

9. 下图所示的二极管导通时的管压降为 0.7 V,输出电压 U 等于________。

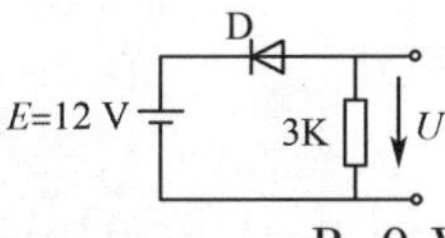

A. 12 V　　B. 0 V

C. 0.7 V

10. 二极管导通时的管压降为 0.7 V,可求得 $U_0=$________。

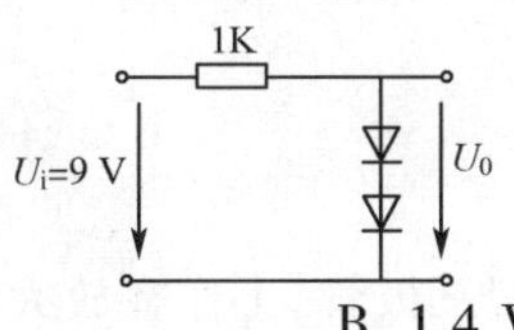

A. 9 V　　B. 1.4 V

C. 0.7 V

11. 用万用表测试二极管性能时,如果正反向电阻相差很大,则说明该二极管性能________,如果正反向电阻相差不大,则说明该二极管________。

A. 好;好　　B. 好;不好

C. 不好;不好

12. 二极管拆下来检查,用数字万用表的二极管挡,红表棒和黑表棒分别接二极管的两端,有两种接法,其中在________时,说明器件一定故障。

A. 一种接法显示 0.6 左右　　B. 一种接法显示溢出

C. 两种接法均显示 0.6 左右

13. 二极管拆下来检查,用数字万用表的二极管挡,红表棒和黑表棒分别接二极管的两端,当数字万用表________时,说明红表棒接的是二极管的阳极。

A. 显示 0.6 左右　　B. 显示溢出

C. 显示 0.6 左右,反过来的接法显示溢出

14. 二极管拆下来检查,用数字万用表的二极管挡,红表棒和黑表棒分别接二极管的两端,当数字万用表________时,说明红表棒接的是二极管的负极。

A. 显示 0.6 左右　　B. 显示溢出

C. 显示溢出,反过来的接法显示 0.6 左右

15. 用指针式万用表测量小功率二极管的特性好坏时,应选择把欧姆挡拨到________。

A. R×100 Ω 或 R×1k　　B. R×10k

C. R×10 Ω

16. 用指针式万用表的电阻挡测量二极管极性时,如果二极管的正、反向电阻值都为零,表明二极管________,如果正、反向电阻值都为 ∞,表明二极管________。

A. 内部击穿短路;内部击穿短路　　B. 内部击穿短路;内部断路

C. 内部断路;内部击穿短路

17. 用指针式万用表的 R×100 Ω 和 R×1k 电阻挡分别测量二极管极性和性能好坏时,用红、黑表笔分别接二极管的两个极测其电阻,不同挡位测量的电阻值都是一大一小,而且相差较大。但是不同挡位测量的电阻值不相等,说明二极管________。

A. 内部击穿短路　　B. 内部断路

C. 性能正常

18. 不管是 PNP 型还是 NPN 型三极管,工作在放大状态的条件是________。

A. 发射结正向偏置,集电结反向偏置　　B. 发射结反向偏置,集电结正向偏置

C. 发射结正向偏置,集电结正向偏置

19. 测得硅三极管各极电位如下图所示,处于放大状态的三极管是________。

A. 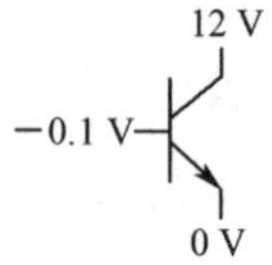 (基极 −0.1 V,集电极 12 V,发射极 0 V)　　B. 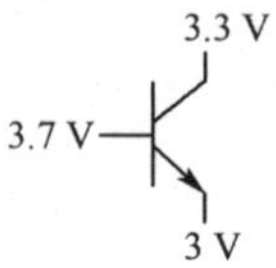 (基极 3.7 V,集电极 3.3 V,发射极 3 V)

2 V
C. −2.3 V
−3 V

20. 三极管中的参数 β 是________。

A. 基极电流大小　　　　B. 电压放大系数

C. 电流放大系数

21. 用万用表测量某电路中一个 NPN 型三极管的静态工作电压时，发现三极管的 $U_{CE}\approx 0$ 时，可知该管处于________。

A. 放大状态　　　　B. 饱和状态

C. 截止状态

22. NPN 型三极管处于放大状态时，管脚电位应满足________。

A. $V_C>V_E>V_B$　　　　B. $V_C>V_B>V_E$

C. $V_E>V_C>V_B$

23. 晶体三极管本身是一种________。

A. 电流放大元件　　　　B. 电压放大元件

C. 频率放大元件

24. 给晶体三极管搭接不同的外围电路，可以实现多种功能，这些功能一般不包括________。

A. 直流电压放大　　　　B. 交流电压放大

C. 频率放大

25. 给三极管搭接不同的外围电路，可以实现多种功能，这些功能一般不包括________。

A. 直流电源滤波　　　　B. 电压放大

C. 功率放大

26. 无论是 PNP 型还是 NPN 型，晶体管三个极的电流总有________。

A. $I_C=I_B+I_E$　　　　B. $I_B=I_E+I_C$

C. $I_E=I_B+I_C$

27. 在如下图所示的单级共发射极放大电路中，输出电压 u_0 与三极管的电流放大系数 β 的关系是________。

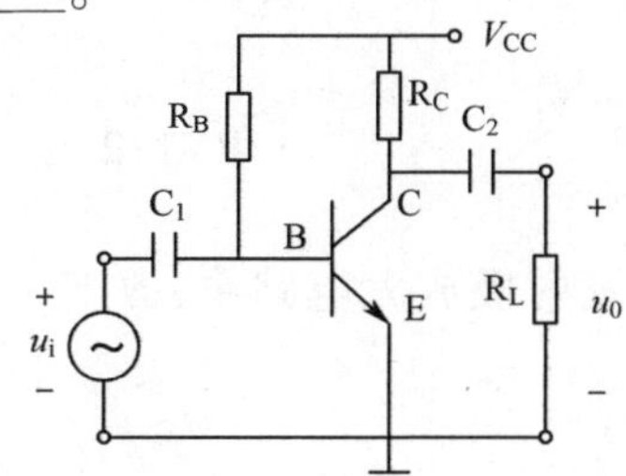

A. 成正比　　　　B. 成反比
C. 成对数关系

28. 在基本放大电路中，三极管具有电流放大能力，而放大能源来自放大电路中的________。
A. 信号源　　　　B. 三极管
C. 直流电源

29. 下图为________放大电路。

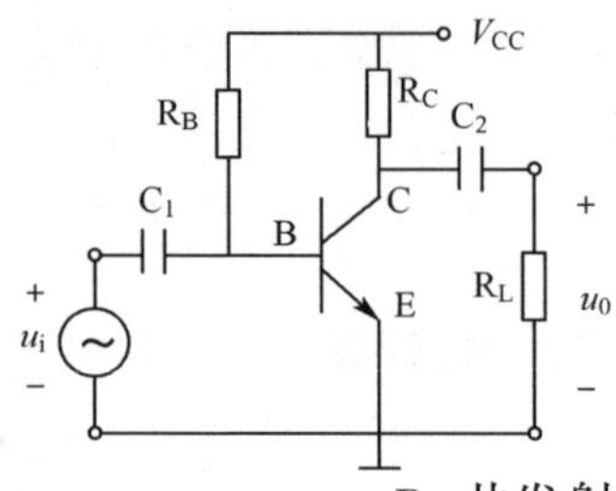

A. 共基极　　　　B. 共发射极
C. 共集电极

30. 在如下图所示的单管共发射极放大电路中，电容 C_1、C_2的作用是________。

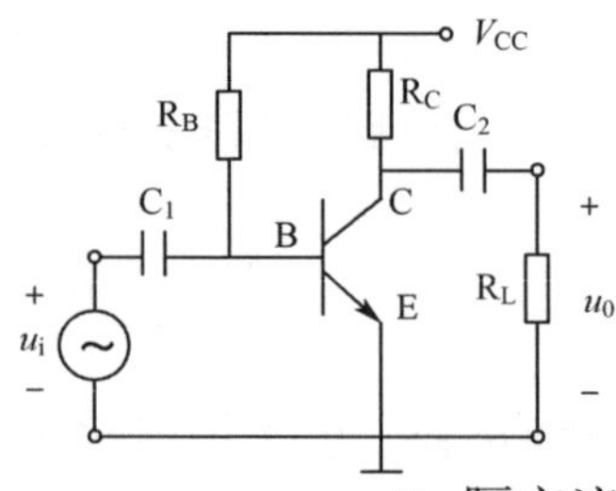

A. 隔直流通交流　　　　B. 隔交流通直流
C. 充电给电路提供能量

31. 如下图所示的电路，如果要实现单管共发射极放大电路，输入交流信号应加在________与⊥之间，输出信号应该从________与⊥之间引出。

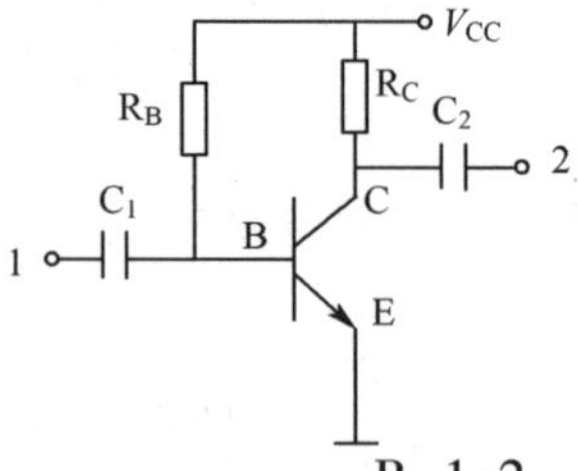

A. 1;1　　　　B. 1;2
C. 2;1

32. 在如下图所示的单管共发射极放大电路中，改变________的值会改变基极电流 I_B的大小。

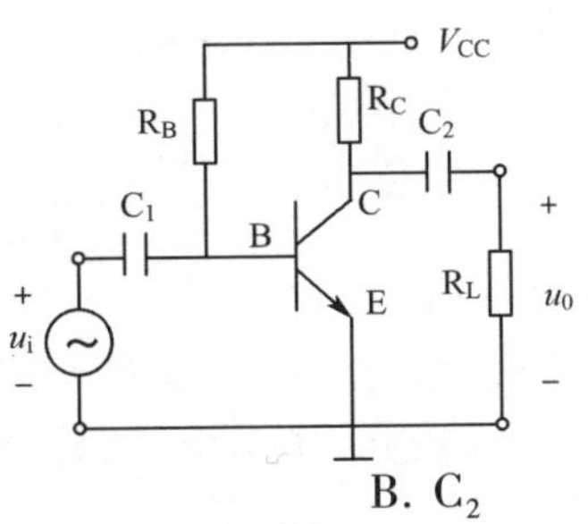

A. C_1　　B. C_2

C. R_B

33. 测得某 NPN 型晶体管 E、B、C 三个电极电位分别为 0.4 V、0.2 V 和 1.5 V 可判断该管处于________工作状态。

A. 完全截止　　B. 完全导通

C. 线性放大

34. 用指针式万用表 $R\times100\ \Omega$ 挡测一个三极管，用黑表笔接一个极，用红表笔分别测另两个极，测得的电阻都很小，则黑表笔接的是________。

A. NPN 的发射极　　B. NPN 的基极

C. PNP 的基极

35. 用指针式万用表 $R\times100\ \Omega$ 挡测一个三极管，用红表笔接一个极，用黑表笔分别测另两个极，测得的电阻都很小，则黑表笔接的是________。

A. NPN 的基极　　B. PNP 的发射极

C. PNP 的基极

36. 用指针式万用表测试三极管的类型和极性时，测试的量应该是________。

A. 各极之间的电压　　B. 各极之间的电流

C. 各极之间的电阻

37. 用指针式万用表测试三极管的类型和极性时，应选择________。

A. 10 V 的直流电压挡　　B. $R\times1\ \mathrm{k}\Omega$ 或 $R\times100\ \Omega$ 的欧姆挡

C. $R\times10\ \mathrm{k}\Omega$ 欧姆挡

38. 用指针式万用表 $R\times1\ \mathrm{k}\Omega$ 挡测两个材料不同的三极管，用黑表笔接一个极，用红表笔分别测另两个极，测得的电阻都很小，第一个三极管测得电阻值大约为 3~10 kΩ，第二个三极管测得的电阻值大约在 2 kΩ 以下，那么第一个三极管是________。

A. NPN 的硅管　　B. PNP 的硅管

C. PNP 的锗管

39. 如下图所示的单相半波整流电路中，为使电路可靠工作，整流二极管 D 的反向耐压值必须大于________。

A. 负载电压平均值
B. 整流变压器副边电压最大值
C. 整流变压器副边电压有效值

40. 如下图所示的单相桥式整流电路，整流电路输入的交流电压有效值为 20 V；如桥中有一只二极管虚焊，则负载上的脉动电压平均值为________。

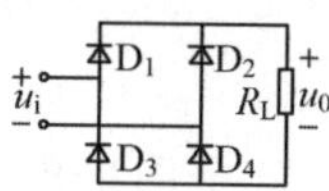

A. 20 伏
B. 18 伏
C. 9 伏

41. 单相桥式整流电路环节的输入电压为正弦波，该环节输出电压 u_0 的波形是________。

A. 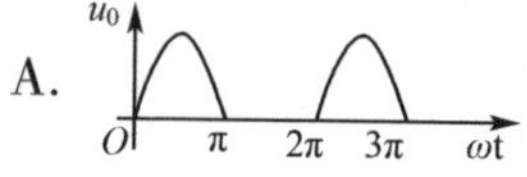

B. 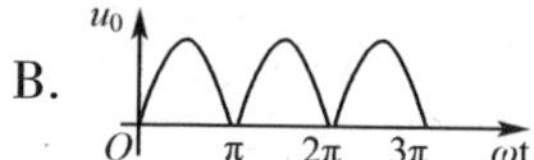

C. 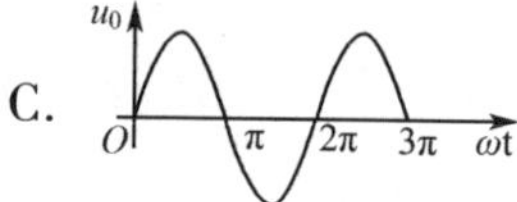

42. 整流电路的目的是________。
A. 直流电变交流电
B. 电压放大
C. 交流电变直流电

43. 单相半波整流电路的输入交流电压有效值为 100 V，则输出的脉动电压平均值为________；二极管承受的最高反向电压为________。
A. 45 V；100 V
B. 90 V；100 V
C. 45 V；141 V

44. 桥式全波整流电路中，若有一只二极管短路，将会导致的危害是________。
A. 半波整流
B. 波形失真
C. 电路出现短路

45. 桥式全波整流电路中，若有一只二极管开路，将会导致的结果是________。
A. 半波整流
B. 输出电压为零
C. 电路出现短路

46. 在下图所示的单相可控半波整流电路中，晶闸管控制角 α 和导通角 θ 之间的关系是________。

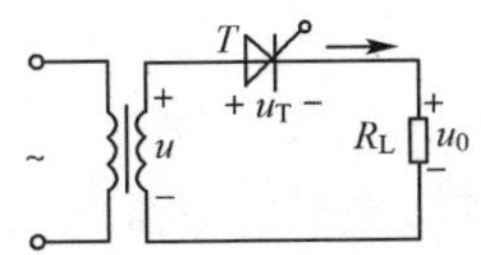

A. $\alpha+\theta=360°$　　B. $\alpha+\theta=90°$

C. $\alpha+\theta=180°$

47. 同单相半波整流电路相比，单相桥式整流电路的主要优点是________。

A. 电路结构简单　　B. 输出直流电压平均值大

C. 二极管承受的反向电压小

48. 由二极管组成的单相桥式整流电路，已知变压器二次侧电压为 $u_2=\sqrt{2}U_2\sin\omega t$ V，负载电阻为 R_L，则二极管承受的最高反向电压为________。

A. $0.45U_2$　　B. U_2

C. $\sqrt{2}U_2$

49. 在桥式整流电路中，所用整流二极管的数量是________。

A. 一只　　B. 两只

C. 四只

50. 单相半波或全波整流电路经电容滤波后的输出电压随着负载电阻增大，其脉动程度________。

A. 不确定　　B. 变大

C. 变小

51. 为实现从交流电源到直流稳压电源转换，一般要依次经历________。

A. 整流电路、整流变压器、稳压环节、滤波环节

B. 整流变压器、整流电路、稳压环节、滤波环节

C. 整流变压器、整流电路、滤波环节、稳压环节

52. 为了获得比较平滑的直流电压，需在整流电路后加滤波电路。一般情况下，滤波方案中效果最好的是________滤波。

A. 电感　　B. 电容

C. Π 型

53. 具有电容滤波器的单相半波整流电路，若变压器副边有效值 $U=20$ V，当负载开路时，输出平均电压 U_0 约为________。

A. 20 V　　B. 28.2 V

C. 8 V

54. 带电容滤波器的整流电路输出电压的脉动程度减小，输出平均电压________。

A. 增大　　B. 减小

C. 不变

55. 滤波电路的作用是________。

A. 将脉动的直流电变成波形平滑的直流电

B. 将脉动的直流电变成正弦交流电

C. 将正弦交流电变成稳定不变的直流电

56. 为了获得比较平滑的直流电压,需在整流电路后加滤波电路。以下滤波电路中,滤波效果最好的是________。

A. 由电感和电容组成的 π 型滤波电路

B. 电感滤波电路

C. 由电感和电容组成的 Γ 型滤波电路

57. 硅稳压管组成的稳压电路,应该接在________之后。

A. 整流滤波电路　　B. 单相整流电路

C. 桥式整流电路

58. 单相半波整流电路经电容滤波后的输出电压随着负载电阻增大,其脉动程度________。

A. 不变　　B. 变大

C. 变小

第五节　配电屏和电气设备操作

1. ________不属于主配电板的组成部分。

A. 应急配电板　　B. 主发电机的控制屏

C. 并车屏

2. 用于控制、调节、监视和保护发电机组的是________。

A. 控制屏　　B. 负载屏

C. 并车屏

3. 用于控制、调节、监视和保护应急发电机的是应急发电机室的________。

A. 岸电箱　　B. 控制屏

C. 负载屏

4. 用于控制、调节、监视和保护发电机组的是________。

A. 动力负载屏　　B. 照明负载屏

C. 发电机控制屏

5. 船舶主配电板的________装有同步表。

A. 发电机的控制屏

B. 并车屏
C. 负载屏

6. 船舶主配电板上不装________。
A. 逆序继电器　　B. 同步表
C. 频率表

7. 关于船舶电站运行自动化,下列说法错误的是________。
A. 船舶电站过载时,能自动卸除次要负载
B. 各发电机的自动开关应能防止短路时的重复合闸
C. 船舶运行的自动化程度提高了,但船舶电站供电质量降低了

8. 不经过分配电板,直接由主配电板供电的方式是________所采用的。
A. 照明负载　　B. 部分重要负载
C. 部分次要负载

9. 不经过分配电板,直接由主配电板供电的方式是为了________。
A. 节省电网成本　　B. 操作方便
C. 提高重要负载的供电可靠性

10. ________不是由主配电板直接供电的重要负载。
A. 舵机　　B. 分油机
C. 锚机

11. ________不是由主配电板直接供电的重要负载。
A. 苏伊士运河探照灯　　B. 助航仪电源
C. 冰机

12. 不需两路配电的设备是________。
A. 舵机　　B. 航行灯
C. 排油监控

13. 不需两路配电的设备是________。
A. 消防泵　　B. 航行灯
C. 信号灯

14. 对于设立大应急、小应急电源的船舶,大应急采用________来实现;小应急采用________来实现。
A. 发电机组;发电机组　　B. 蓄电池组;蓄电池组
C. 发电机组;蓄电池组

15. 船舶主电源与大应急电源________电气联锁关系;大应急电源的起动一般是________进行的。
A. 有;手动　　B. 无;手动

C. 有;自动

16. 当主电网失电,船舶应急发电机的起动是________进行的;应急发电机主空气开关是________合闸的。

A. 自动;自动　　B. 自动;人工

C. 人工;人工

17. 当主电源故障,主汇流排失电后,应急汇流排与主汇流排之间的母线联络开关应________。

A. 由值班人员将其打开　　B. 由值班人员将其闭合

C. 自动断开

18. 在装有主电源、大应急电源、小应急电源的船舶电站中,以下说法正确的是________。

A. 当大应急电源起动成功并合闸供电后,小应急电源应自动退出

B. 主电源供电时,大应急电源可以人工起动并供电

C. 当大应急电源起动失败后,小应急电源立即投入

19. 当排除主电源故障,重新起动恢复供电后,应急发电机主开关应是________。

A. 值班人员将其分闸　　B. 值班人员将其合闸

C. 自动分闸

20. 对于装有主电源、大应急电源、小应急电源的船舶电站,小应急电源容量应保证连续供电________。

A. 1 小时　　B. 20 分钟

C. 30 分钟

21. 关于船舶电站应急电源的说法,正确的是________。

A. 应急发电机一般安装在机舱内

B. 视具体情况,应急电源可采用应急发电机组或应急蓄电池组或二者兼有

C. 对装有大、小应急电源的船舶,小应急电源容量应保证连续供电 10 分钟

22. 应急配电盘由独立馈线经________与主配电板连接,应急电网平时由________供电。

A. 连接导线;应急电源　　B. 联络开关;主配电板

C. 连接导线;主配电板

23. 应急配电盘由独立馈线经联络开关与主配电盘连接,当主电源失电时,联络开关________,由应急发电机组独立供电。

A. 由值班人员将其打开　　B. 自动断开

C. 由值班人员将其闭合

24. 下列关于船舶电站应急电源的说法,错误的是________。

A. 主发电机、应急发电机和岸电开关之间应设有电气联锁
B. 视具体情况，应急电源可采用应急发电机组或应急蓄电池组或二者兼有
C. 应急电源的起动工作一般是值班人员进行手动操作的

25. 为了防止船舶接岸电，相序接错和单相运行，通常采用的保护装置是________。
A. 负序继电器　B. 热继电器
C. 相序测定器

26. 船舶电力管理系统能够实现的主要功能不包括________。
A. 发电系统的自动化　B. 船舶电站主要故障的快速排除
C. 系统监测与报警

27. 万能式自动空气断路器通常装有________脱扣器。
A. 过流、分励两个　B. 过流、失压、分励三个
C. 短路、过载、失压三个

28. 主配电板的发电机主开关触头系统中，用于接通、断开电网的触头是________。
A. 主触头　B. 主触头、辅助触头、弧触头
C. 主触头、副触头、弧触头

29. 有些万能式空气断路器的触头系统含有主触头、副触头、弧触头及辅助触头，在分闸时________最后断开。
A. 主触头　B. 副触头
C. 弧触头

30. 万能式空气断路器的触头系统由主触头、副触头、弧触头及辅助触头组成，在分闸时________先断开。
A. 主触头　B. 副触头
C. 弧触头

31. 万能式空气断路器的触头系统由主触头、副触头、弧触头及辅助触头组成，在合闸时________最后接通。
A. 主触头　B. 副触头
C. 弧触头

32. 船用主开关的保护对象是________。
A. 原动机　B. 发电机
C. 照明负载

33. 船用万能式自动空气断路器既是一种具有短路、过载、欠压多种保护的保护电器，又是一种________的开关电器。

A. 频繁操作　　B. 非频繁操作

C. 反复操作

34. 船用万能式自动空气断路器是一种非频繁操作的________。

A. 大负荷　　B. 开关电器

C. 系统负荷

35. 船用万能式自动空气断路器是一种具有________、过载、欠压多种保护的保护电器。

A. 逆功　　B. 短路

C. 超速

36. 船用万能式自动空气断路器是一种具有短路、________、欠压多种保护的保护电器。

A. 低速　　B. 逆功

C. 过载

37. 船用万能式自动空气断路器是一种具有短路、过载、________多种保护的保护电器。

A. 逆功　　B. 超速

C. 欠压

38. 船用万能式自动空气断路器自身无法实现________检测。

A. 逆功　　B. 短路

C. 欠压

39. 下列操作方式中，不属于 DW98 开关的是________。

A. 电动合闸　　B. 手动合闸

C. 电磁合闸

40. 船用万能式自动空气断路器的主触头、副触头和灭弧触头用在通、断________，而辅助触头用在控制电路。

A. 主电路　　B. 副电路

C. 直流电路

41. 船用万能式自动空气断路器的主触头、副触头和灭弧触头用在通、断主电路，而辅助触头用在________。

A. 通、断大电流电路　　B. 通、断主电路

C. 控制电路

42. 手动、自动操作断路器均不能闭合，正确的查找方法是________。

A. 检查灭弧触头是否正常　　B. 检查辅助触头是否正常

C. 检查失压脱扣线圈是否有电压

43. 手动、自动操作断路器均不能闭合，正确的查找方法是________。
A. 检查失压脱扣线圈是否损坏　B. 检查辅助触头是否正常
C. 检查分闸按钮是否正常

44. 抽出型框架式断路器可抽出部分不含________。
A. 触头系统
B. 灭弧装置
C. 控制电路接线端子

第六节　自动控制系统和技术的基础

1. 在反馈控制系统中，采用定值控制的目的是________。
A. 在系统受到扰动时使被控量能尽快地恢复到给定值上或附近
B. 给定值随工况变化，被控量能尽快地恢复到给定值上或附近
C. 给定值不变，被控量也始终保持不变

2. 在参数控制系统中，常采用闭环控制的目的是________。
A. 稳定被控量　B. 稳定控制量
C. 稳定给定值

3. 主机在高负荷区加速过程中转速控制系统属于________。
A. 定值控制系统　B. 程序控制系统
C. 随动控制系统

4. 在以下系统中，属于反馈控制系统的是________。
A. 辅锅炉点火控制系统　B. 分油机排渣控制系统
C. 柴油机气缸冷却水温度控制系统

5. 船舶主机燃油黏度控制系统是________。
A. 定值控制系统　B. 程序控制系统
C. 随动控制系统

6. 在反馈控制系统中，给定值任意变化的控制系统属于________。
A. 定值控制系统　B. 程序控制系统
C. 随动控制系统

7. 反馈控制系统程序控制的特点是________。
A. 给定值是不变的，系统始终保持被控量在给定值上或附近
B. 给定值是变化的，变化规律是不确定的
C. 给定值是变化的，变化规律是确定的

8. 反馈控制系统按给定值的不同可分为________三类。

A. 定值控制、随动控制和程序控制　　B. 定值控制、随动控制和反馈控制
C. 反馈控制、随动控制和程序控制

9. 反馈控制系统随动控制的特点是________。
A. 给定值是不变的,系统始终保持被控量在给定值上或附近
B. 给定值是变化的,变化规律是不确定的
C. 给定值是变化的,变化规律是确定的

10. 按偏差控制运行参数的控制系统是一个________系统。
A. 正反馈控制　　B. 负反馈控制
C. 逻辑控制

11. 在机舱常用控制系统中,属于定值控制系统的是________控制系统。
A. 锅炉点火　　B. 分油机排渣
C. 燃油黏度

12. ________不属于反馈控制系统。
A. 主机遥控换向控制系统　　B. 燃油黏度自动控制系统
C. 主机冷却水温度自动控制系统

13. 对反馈控制系统而言,程序控制与定值控制、随动控制的主要区别是________。
A. 给定值不变　　B. 给定值有规律变化
C. 给定值无规律变化

14. 在反馈控制系统中,设定值如果是固定不变的,则称为________。
A. 定值控制系统　　B. 程序控制系统
C. 随动控制系统

15. 给定值按人们事先安排好的规律进行变化的控制系统是________。
A. 定值控制系统　　B. 程序控制系统
C. 随动控制系统

16. 给定值是变化的且变化规律不是先由人们规定好的控制系统是________。
A. 定值控制系统　　B. 随动控制系统
C. 开环控制系统

17. 对定值控制系统来说,其主要扰动是________。
A. 电源或气源的波动　　B. 给定值的变动
C. 控制对象的负荷变化

18. 在定值控制系统中为了能使被控量稳定在给定值上或附近,通常采用________。
A. 手动控制系统　　B. 开环控制系统

C. 闭环负反馈控制系统

19. 在主机燃油黏度自动控制系统中,蒸汽调节阀属于________。

A. 控制对象　　B. 执行机构

C. 调节单元

20. 在柴油机气缸冷却水温度自动控制系统中,其测量单元是________。

A. 参考水位罐和差压变送器　　B. 压力传感器和压力变送器

C. 感温元件和温度变送器

21. 在锅炉水位控制系统中,参考水位罐和差压变送器属于________。

A. 调节单元　　B. 测量单元

C. 执行机构

22. 在反馈控制系统中,为使被控参数能较快地恢复到给定值,该系统必须是________。

A. 正反馈控制系统　　B. 负反馈控制系统

C. 逻辑控制系统

23. 组成反馈控制系统的基本单元不包括________。

A. 测量单元　　B. 调节单元

C. 记录单元

24. 当调节器出现故障时,反馈控制系统还可以具有________功能。

A. 被控量显示　　B. 闭环控制

C. 自动调节

25. 在反馈控制系统中,调节器输出的控制信号送至________。

A. 显示仪表　　B. 测量仪表

C. 执行机构

26. 在反馈控制系统中,具有反馈功能的单元是________。

A. 调节器　　B. 测量仪表

C. 执行机构

27. 在自动控制系统中,输出信号是反馈信号的单元是________。

A. 测量单元　　B. 调节单元

C. 执行机构

28. 锅炉水位自动控制系统的控制对象为________。

A. 热水井　　B. 给水调节阀

C. 锅炉

29. 闭环控制系统的方框图中,若输入量是扰动信号,输出量为被控量,则该环节是________。

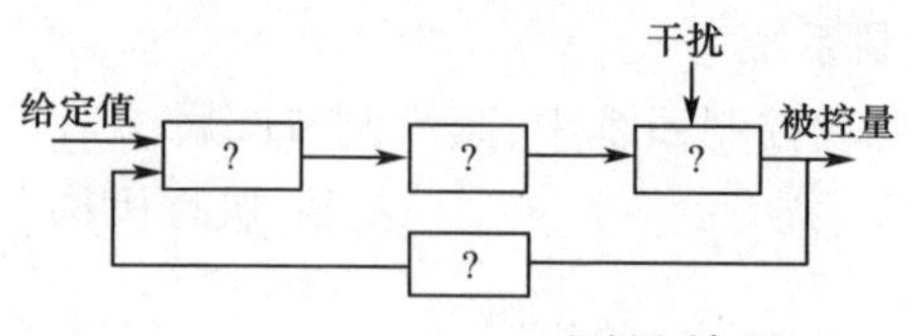

A. 执行机构　　　　B. 测量单元

C. 控制对象

30. 在闭环控制系统的方框图中,若输入量为偏差量,输出量为控制信号,则该环节是________。

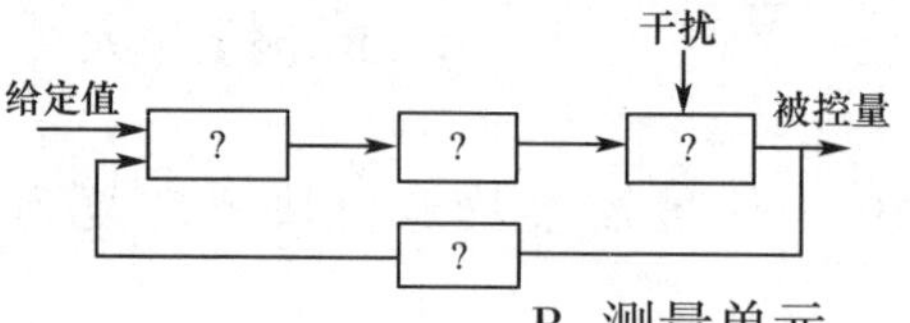

A. 调节单元　　　　B. 测量单元

C. 执行机构

31. 在闭环控制系统的方框图中,若输入量是扰动信号,输出量为被控量,则该环节是________。

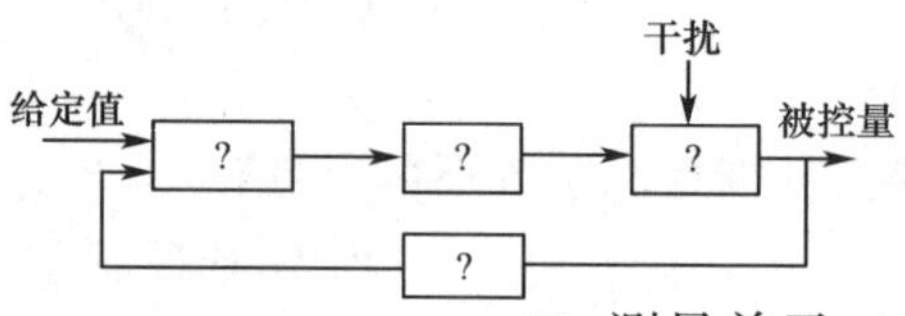

A. 调节单元　　　　B. 测量单元

C. 控制对象

32. ________一般不用来作为船用气动或电动控制系统标准信号。

A. 0.02~0.1 MPa　　　　B. 0.02~0.1 Pa

C. 0~10 mA

33. 在反馈控制系统中,若测量单元发生故障而无信号输出,这时被控量将________。

A. 保持不变　　　　B. 达到最大值

C. 不能自动控制

34. 在反馈控制系统中,调节单元根据________的大小和方向,输出一个控制信号。

A. 给定值　　　　B. 偏差

C. 测量值

35. 在燃油温度自动控制系统中,实际测量加热器出口温度比所要控制的最佳温度高 10 ℃,这 10 ℃是________。

A. 被控量　　　　　　　　B. 偏差值

C. 给定值

36. 在反馈控制系统中,执行机构的输入是________。

A. 被控参数的实际信号　　　　　　　　B. 调节器的输出信号

C. 被控参数的偏差信号

37. 在反馈控制系统中,为使控制对象正常运行而要加以控制的工况参数是________。

A. 给定值　　　　　　　　B. 被控量

C. 扰动量

38. 在反馈控制系统中,被控对象的输入量和输出量分别是________。

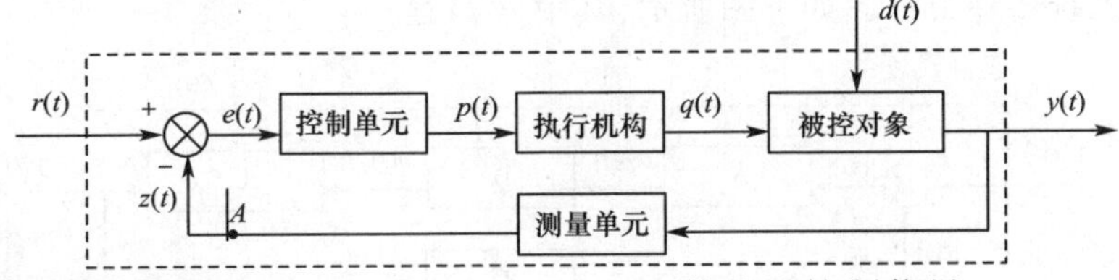

A. 被控量和控制信号　　　　　　　　B. 偏差和控制信号

C. 扰动量和被控量

39. 与闭环控制系统相比较,开环控制系统主要是没有________。

A. 执行机构　　　　　　　　B. 反馈环节

C. 调节单元

40. 控制系统传递方框图如下图所示,其中 $d(t)$ 是________。

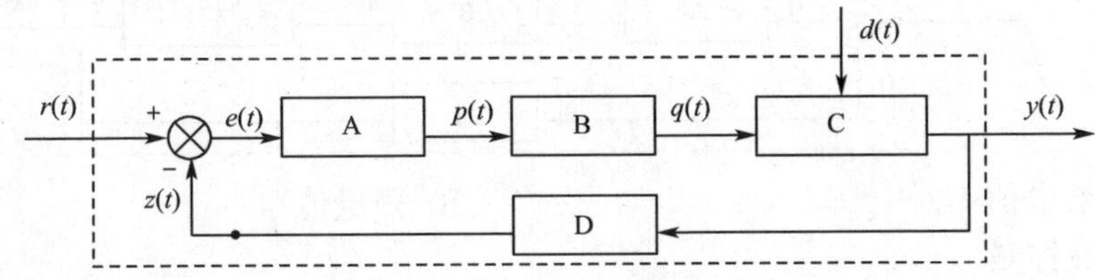

A. 给定值　　　　　　　　B. 偏差值

C. 扰动量

41. 控制系统传递方框图如下图所示,其中 $e(t)$ 是________。

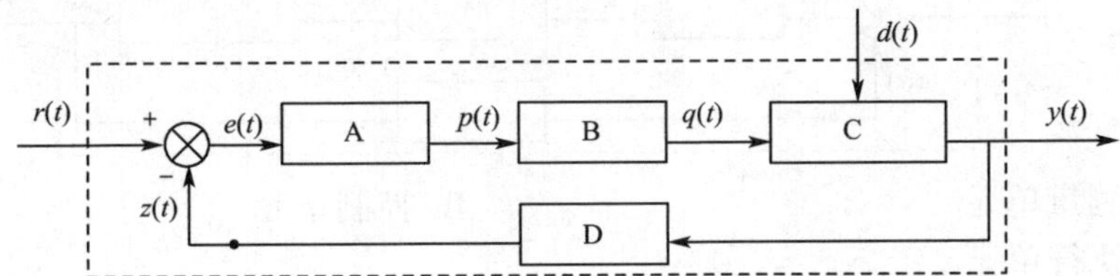

A. 给定值　　B. 偏差值

C. 被控量

42. 控制系统传递方框图如下图所示,其中 $z(t)$ 是________。

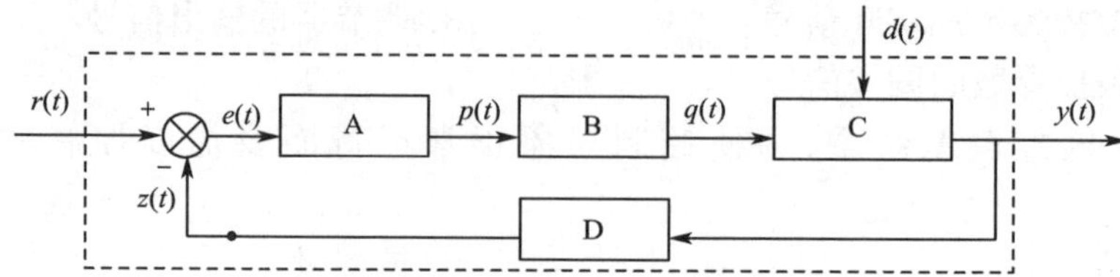

A. 给定值　　B. 测量值

C. 被控量

43. 控制系统传递方框图如下图所示,其中 $y(t)$ 是________。

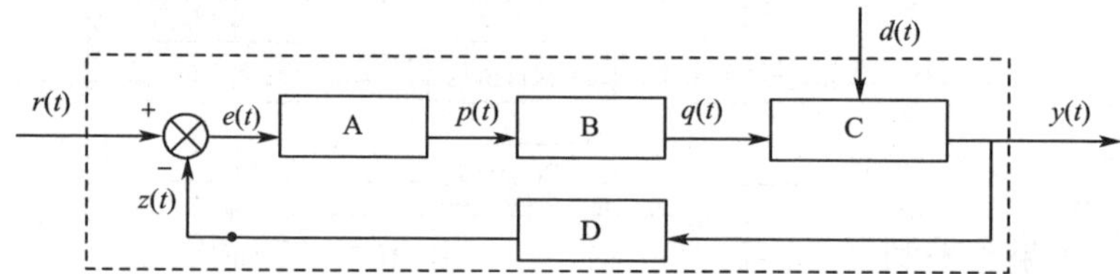

A. 给定值　　B. 测量值

C. 被控量

44. 控制系统传递方框图如下图所示,其中 $r(t)$ 是________。

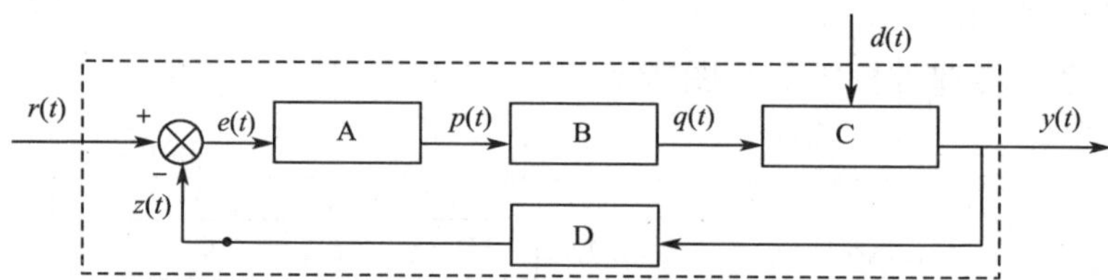

A. 给定值　　B. 测量值

C. 被控量

45. 控制系统传递方框图如下图所示,其中 A 是________。

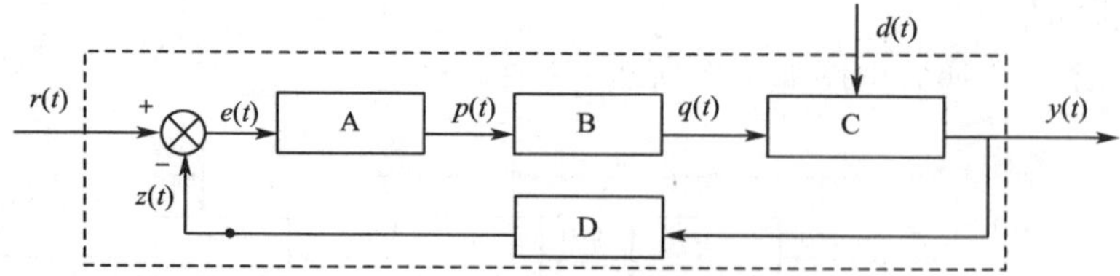

A. 测量单元　　B. 控制单元

C. 执行单元

46. 控制系统传递方框图如下图所示，其中 D 是________。

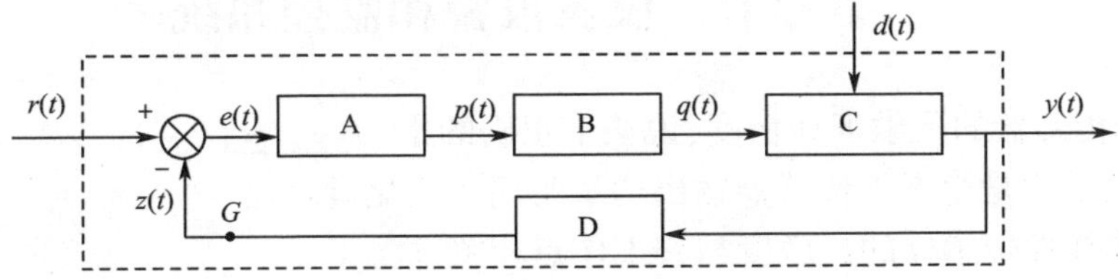

A. 测量单元　　B. 控制单元
C. 执行机构

47. 控制系统传递方框图如下图所示，若 D 单元有故障无信号输出，这时被控量将________。

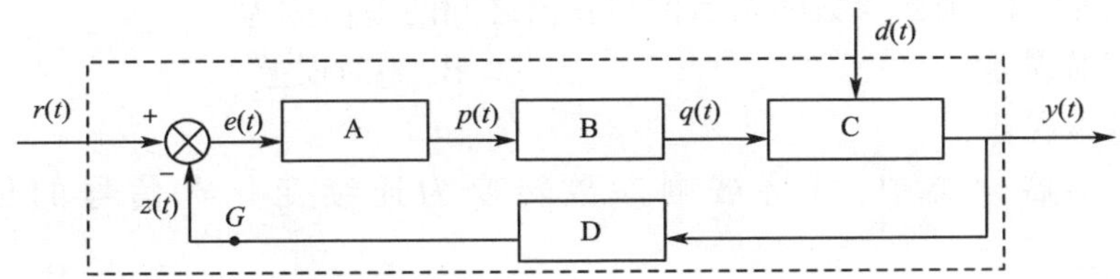

A. 保持不变　　B. 达到最大值
C. 不能自动控制

48. 在反馈控制系统中，被控量是指________。

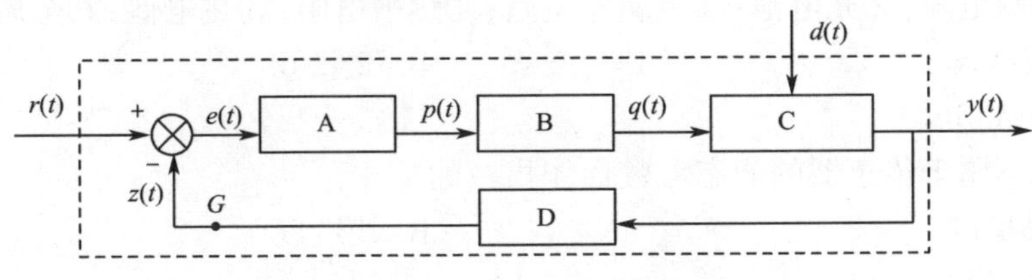

A. $r(t)$　　B. $p(t)$
C. $y(t)$

49. 在运行参数的自动控制系统中，为能正常地控制运行参数，该系统必须是________。
A. 负反馈控制系统　　B. 正反馈控制系统
C. 开环控制系统

50. 在反馈控制系统中，输入信号是被控量的偏差值，输出信号决定调节阀开度的单元是________。
A. 显示单元　　B. 调节单元
C. 执行机构

第七节　仪表报警和监控系统

1. 关于传感器的灵敏度和精度,说法不正确的是________。
   A. 灵敏度是稳态下传感器输出增量与输入变化量之比
   B. 非线性传感器的灵敏度与其工作点相关
   C. 灵敏度也就是分辨率
2. ________不是按工作原理来分的。
   A. 压力传感器　　B. 电容传感器
   C. 电感传感器
3. 在传感器中,被测参数的指示值与真值之间的差值称为________。
   A. 相对误差　　B. 绝对误差
   C. 基本误差
4. 在传感器分类中,可将被测参数转换为连续变化电信号的传感器,属于________。
   A. 开关量传感器　　B. 模拟量传感器
   C. 脉冲量传感器
5. 在集中监视与报警系统中,检测温度参数常用的传感器有________。
   ①光敏电阻;②光电池;③金属丝电阻;④热敏电阻;⑤热电偶;⑥金属应变片
   A. ①③⑤　　B. ②④⑥
   C. ③④⑤
6. 以下不属于传感器的静态参数性能指标的是________。
   A. 灵敏度　　B. 线性度
   C. 稳定性
7. 传感器的分辨率(力)是指在规定测量范围和规定条件下传感器所能检测输入量的________的能力。
   A. 最小变化值　　B. 最大变化值
   C. 最小输出值
8. 目前常见的扩散硅压力传感器,其基本工作原理是________。
   A. 压电效应　　B. 压阻效应
   C. 金属应变效应
9. 硅压力传感器的基本原理是________。
   A. 当检测压力变化时,电容值变化,使电桥的输出电压变化
   B. 当检测压力变化时,电感值变化,使电桥的输出电流变化

C. 当检测压力变化时,电阻值变化,使电桥的输出电压变化

10. 压阻式压力传感器中的输出信号是________值。

A. 电压　　B. 电流

C. 电阻

11. 可用半导体材料硅做成压力传感器,是利用了硅的________。

A. 压电效应较大　　B. 压阻效应较大

C. 压电效应较小

12. 扩散硅压力传感器如下图所示,当膜片两端存在压差时,膜片产生应力和形变,从而使扩散阻值发生变化,电桥不平衡,产生不平衡电压输出,不平衡电压与________。

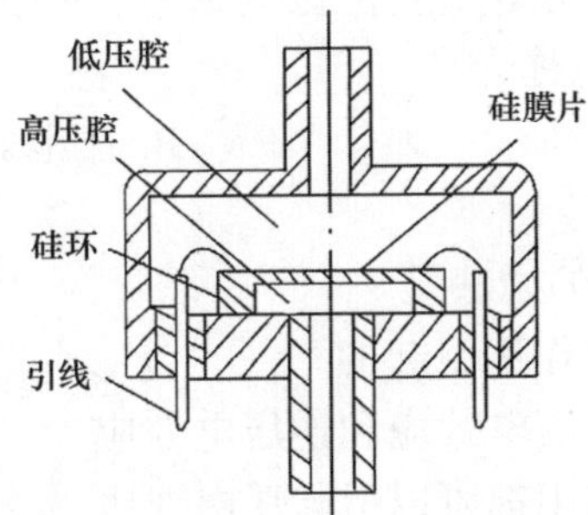

A. 膜片两边的压力差成反比　　B. 膜片两边的压力差成正比

C. 膜片两边的压力成反比

13. 扩散硅压力传感器如下图所示,其核心部分是________。

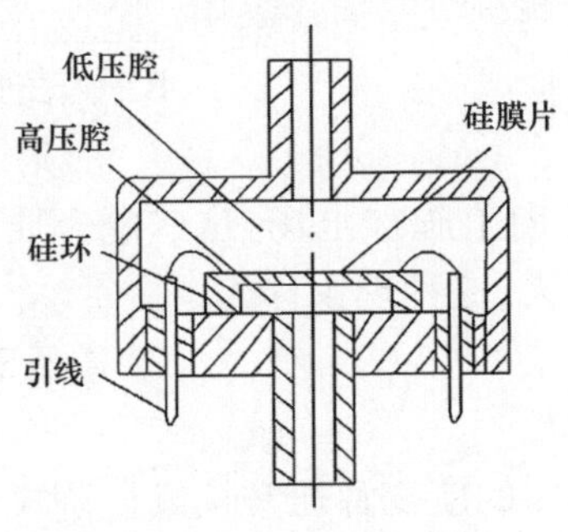

A. 单晶硅环　　B. 引线

C. 单晶硅膜片

14. 扩散硅压力传感器采用单晶硅膜片,可以测量的是________。

A. 膜片两边的差压　　B. 膜片绝对压力

C. 膜片压力变化量

15. 在硅压力传感器中，由于压敏电阻的压阻效应，使测量电桥产生一个与压力成正比的线性电压信号，但是该压力传感器不具有的特点是________。
A. 体积小，结构简单　　B. 工作可靠，准确度高，重复性好
C. 耐温范围宽，可用于柴油机气缸爆压测量
16. 压电式压力传感器的特点中不包括________。
A. 结构简单，体积小，重量轻　　B. 动态响应频带宽
C. 可测缓慢变化的压力
17. 利用压电效应制成的压力传感器，在船上适合应用的地方是________。
A. 主机气缸内的燃烧爆压　　B. 主机滑油进口压力
C. 主机冷却水进口压力
18. 某些晶体受到外力作用而发生机械变形时，在晶体的不同表面会产生符号相反的电荷，这种现象被称为________。
A. 压阻效应　　B. 压电效应
C. 霍尔效应
19. 关于压电效应不正确的说法是________。
A. 压电效应是因外力作用引起的
B. 压电效应可分为正压电效应和逆压电效应
C. 任何介质受外力作用都可以引起压电效应
20. 下列不属于金属应变片常见种类的是________。
A. 表面式　　B. 箔式
C. 薄膜式
21. 应变式压力传感器的测量电路通常采用________。
A. 运算放大器　　B. 仪表放大器
C. 桥式
22. 当在电介质的极化方向上施加电场，这些电介质也会发生变形，电场去掉后，电介质的变形随之消失，这种现象称为________。
A. 正压电效应　　B. 逆压电效应
C. 负压电效应
23. 应变片式压力传感器中的应变片通常接成全桥式，其作用不含________。
A. 提高线性度　　B. 提高灵敏度
C. 提高测量范围
24. 下列测量项目中，________可能是金属应变效应的应用。
A. 主机输出轴扭力测量　　B. 主机燃烧完善程度
C. 主机排烟温度

25. 电阻式和金属应变片式压力传感器分别采用________电路进行信号转换。
A. 电桥、电桥　　B. 运算放大器、电桥
C. 电桥、运算放大器
26. 下列不属于压阻式压力传感器的特点是________。
A. 测量范围宽　　B. 动态特性差
C. 重复性好
27. 导体或半导体材料在外界力的作用下，会产生机械变形，其电阻值也将随着发生变化，这种现象称为________。
A. 机械效应　　B. 压阻效应
C. 应变效应
28. 应变效应通常是由于受力后材料的________发生了改变。
A. 几何长度和电阻率　　B. 几何尺寸和电阻率
C. 几何宽度和电阻值
29. 对于半导体而言，电阻的改变主要是由材料的电阻率随应变所引起的变化，称之为________。
A. 压阻效应　　B. 压电效应
C. 电阻效应
30. 应变片式压力传感器的测量电路通常采用全桥电路，桥臂的四个电阻中________。
A. 一个是应变电阻　　B. 两个是应变电阻
C. 四个都是应变电阻
31. 关于霍尔效应描述中，正确的是________。
A. 霍尔系数的大小反映了霍尔效应的强弱，由材料的物理性质决定
B. 霍尔系数越大，霍尔电势越小
C. 霍尔元件的厚度越大，霍尔电势越大
32. 在薄片的垂直方向加以磁场 B，则在半导体的另外两侧面就会产生一个大小与控制电流 I 和磁场 B 的乘积成正比的电势 U_H，这一现象叫________，所产生的电势叫________。
A. 磁场效应；磁场电势　　B. 霍尔效应；霍尔电势
C. 薄片效应；薄片电势
33. 当控制电流不变，使传感器处于磁场中，霍尔传感器输出与磁感应强度成正比的电压。这方面的应用主要有________。
A. 磁场测量　　B. 电压测量
C. 速度测量

34. 霍尔元件的霍尔系数是由________决定的。

A. 控制电流

B. 磁场

C. 霍尔元件本身的性质

35. 关于差动变压器输出为交流信号,其特性应是________。

A. 相位反映衔铁的位移方向,幅值反映位移的大小

B. 幅值反映衔铁的位移方向,相位反映位移的大小

C. 绝缘体

36. 螺管式差动变压器的结构如图,它是________在实际中的应用。

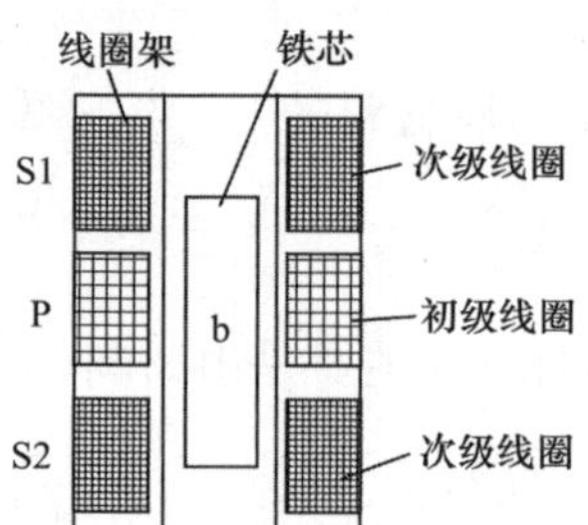

A. 自感式电感传感器　　　B. 涡流式电感传感器

C. 互感式电感传感器

37. 关于电感式传感器,不正确的说法是________。

A. 电感式传感器的磁导率不变

B. 电感式传感器的电感随位移变化

C. 电感式传感器对频率响应无要求

38. 差动变压器的结构形式很多,应用得最多的是________。

A. 螺管式　　　B. 变截面积式

C. 变间隙式

39. 电感式传感器主要缺点有________。

A. 传感器自身频率响应低,但能适用于快速动态测量

B. 传感器自身频率响应低,因此不适用于快速动态测量

C. 传感器自身频率响应低,因此不适用于慢速动态测量

40. 差动变压器的输出是交流信号,幅值大小与铁芯位移成正比,相位与________。

A. 位移方向相关　　　B. 位移方向无关

C. 位移成正比

41. 差动变压器式压力传感器中变压器的初级与次级之间的互感系数________。

A. 是一个常数　　B. 相等

C. 随铁芯的位置改变而变化

42. 差动变压器式压力传感器使用中，衔铁移动的方向与输出的电压相位相关，所以采用________来区分移动方向。

A. 示波器　　B. 相敏整流

C. 桥式整流

43. 差动变压器式压力传感器的激磁频率一般为10~50 kHz，频率太低，则________；频率太高，则________。

A. 灵敏度降低；铁损增加　　B. 损耗增加；误差增加

C. 精度降低；灵敏度降低

44. 电容式压力传感器的测量原理是将弹性元件的位移转换为________变化。

A. 电阻值　　B. 电容量

C. 电压

45. 电容式压力传感器是将被测压力变化转换为________变化的一种压力传感器。

A. 电阻值　　B. 电感值

C. 电容量

46. 为了提高灵敏度，改善非线性，减少电源电压、环境温度等外界影响，变极距型电容式压力传感器一般采用下列哪种形式？

A. 变间隙式　　B. 螺管式

C. 差动形式

47. 电容式压力传感器电容极板间一般放置云母片，其主要作用是________。

A. 增大极板间距离，提高灵敏度

B. 减小极板间距离，提高灵敏度

C. 增大极板间距离，提高线性度

48. 涡流式压力传感器的基本原理是金属导体置于变化着的磁场中，导体内就会产生________。

A. 涡流　　B. 感应电压

C. 电动势

49. 当涡流式压力传感器与被测导体靠近时，传感器的等效阻抗Z将发生变化。回路中的阻抗Z与被测物体材料的________等参数相关。

①电阻率；②电磁率q；③激磁频率f；④传感器与被测导体距离x；⑤通导率v；⑥磁导率

A. ②③⑤⑥　　B. ②④⑤⑥

C. ①③④⑥

50. 成块的金属在变化的磁场中或在磁场中运动时会产生涡流,涡流的大小与金属的电阻率、磁导率、厚度及________、________等参数有关。固定其中若干参数就可以测量另外的参数。

A. 金属与线圈的距离;霍尔效应系数

B. 金属与线圈的距离;线圈的激磁电流频率

C. 金属与线圈的体积;霍尔效应系数

51. 涡流式压力传感器的最大特点是可进行________,________,因而工业应用广泛。

A. 非接触式测量;精度高　　B. 非接触式测量;灵敏度高

C. 运动中测量;快速性好

52. 成块的金属在变化的磁场中或在磁场中运动时会________。

A. 使电阻率变化　　B. 使磁导率变化

C. 产生涡流

53. 高频反射涡流式压力传感器主要部件是________。

A. 差动变压器　　B. 差动电容

C. 扁平线圈

54. 当涡流式压力传感器与被测导体靠近时,传感器的________将发生变化。

A. 等效电阻　　B. 电动势

C. 差动电容

55. 某温度传感器分度号为 Cu50,关于它的说法不正确的是________。

A. 该传感器为铜电阻温度传感器

B. 该传感器在 0 ℃时的阻值应为 50 Ω

C. 该传感器测温范围通常可为 0~630 ℃

56. 采用热电阻温度传感器检测某一系统温度值时,常需要温度补偿,其作用是________。

A. 克服外部干扰信号的影响

B. 克服环境温度变化对检测精度的影响

C. 使热电阻值随温度变化,特性稳定

57. Pt100 热电阻的材料是________。

A. 铜　　B. 铂

C. 镍

58. 热电阻测量电路的连接方式中,可以消除接线电阻受环境温度的影响,在工业上应用最广的是________。

A. 二线制接法　　B. 三线制接法
C. 四线制接法

59. 通常在船上测量较低温度的场合采用________传感器,检测高温的场合一般用________传感器。
A. 热敏电阻;热电阻或热电偶　　B. 热电阻或热敏电阻;热电偶
C. 热电偶或热敏电阻;热电阻

60. 主轴承温度检测常采用________。
A. 热电偶　　B. 热电阻
C. 水银温度计

61. 关于热电阻采用三线连接法的说法,正确的是________。
A. 三线连接有利于保护热电阻,延长使用寿命
B. 三线连接有利于提高热电阻的测量精度
C. 三线连接是为了使热电阻的信号可靠地传到测量端

62. 铜电阻可用于一些测量精度要求不高的场合,其测温范围上限为________。
A. 室温　　B. 100 ℃
C. 150 ℃

63. Pt100 为铂电阻分度号的一种,其中 Pt 表示金属铂,100 表示________。
A. 100 ℃时的电阻为 100 Ω　　B. 0 ℃时的电阻为 100 Ω
C. 温度的测量范围为 100 ℃

64. 用热电阻检测某一系统温度值时,一般采用三线制,其目的是________。
A. 使热电阻值随温度变化,特性稳定
B. 消除环境温度变化对测量精度的影响
C. 克服外部干扰信号的影响

65. 在热电偶温度传感器中,设置补偿电路的作用是________。
A. 提高稳定性　　B. 提高测量精度
C. 提高线性范围

66. 在一定的范围内热电偶输出的热电势与________近似成正比。
A. 冷端温度　　B. 热端温度
C. 冷热两端温度之差

67. 输出电势信号的感温元件是________。
A. Pt100　　B. 热电偶
C. Cu100

68.船舶检测主机排烟温度的传感器一般采用________式。
A. 热电偶　　B. 热敏电阻

C. 热电阻

69.热电偶检测温度电路中设置补偿电路的作用是________。

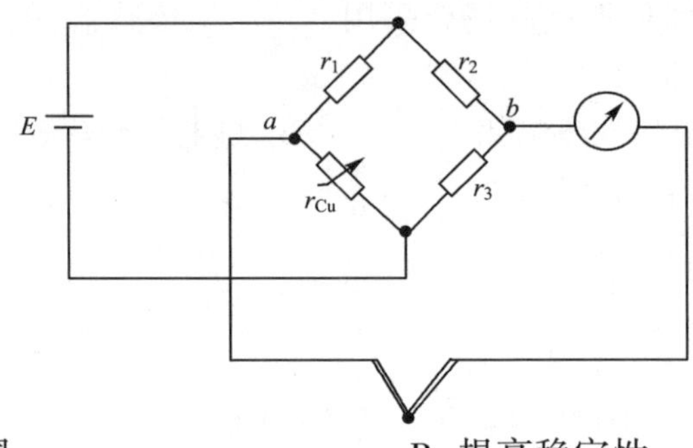

A. 提高线性范围　　B. 提高稳定性

C. 提高测量精度

70.在热电偶中，为保证所检测的温度值不受环境温度的影响，应采取的措施是________。

A. 加装隔离放大器　　B. 加装光电隔离器

C. 加装冷端补偿电路

71.热电偶可以用于检测________信号，使用中须采用________电路。

A. 温度；三线制　　B. 温度；温度补偿

C. 温差；三线制

72.关于热电偶式温度传感器的说法，正确的是________。

A. 利用电阻丝的阻值随温度升高而增大的效应实现温度测量

B. 利用电阻丝的阻值随温度升高而减小的效应实现温度测量

C. 利用金属热电势随温差升高而增大的效应实现温度测量

73.在采用冷端温度补偿电桥的热电偶检测温度的电路中，若检测点温度不变，环境温度升高时，其热电势 e 的变化、补偿电桥输电压 U_{ba} 的变化及 U_0 的变化分别为________。

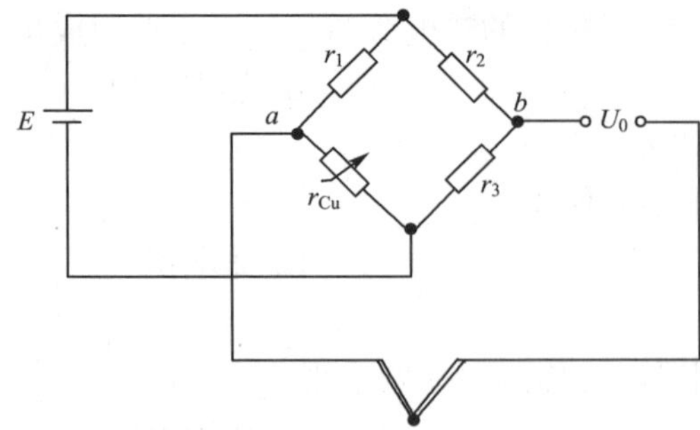

A. 增大、减小、增大　　B. 减小、减小、不变

C. 减小、增大、减小

74.在工作范围内其阻值随着温度的上升而减小的热敏电阻是________。

A. PTC 型　　B. NTC 型

C. CTR 型

75.PTC 型半导体温度传感器的特性是________。

A. 阻值随着温度的上升而增加　　B. 阻值随着温度的上升而减小

C. 灵敏度比金属热电阻小

76.可分为正温度系数(PTC)、负温度系数(NTC)和临界温度系数(CTR)三种类型的温度传感器是________。

A. 热电阻　　B. 热电偶

C. 热敏电阻

77.下列选项中,________不是半导体热敏电阻所拥有的特点。

A. 线性度好　　B. 温度系数大

C. 电阻率大

78.半导体热敏电阻不可用在________中。

A. 电子温度继电器　　B. 测量主机排烟温度

C. 电子线路热补偿电路

79.具有自动恒温、限流、只发热不发火的小功率发热元件是________。

A. NTC 元件　　B. PTC 元件

C. CTR 元件

80.单元组合式仪表包括________。

A. 显示仪表、调节器、执行器　　B. 测量仪表、调节器、执行器

C. 测量仪表、显示仪表、调节器、执行器等

81.船舶监控仪表按照功能可分为________。

A. 数字式仪表和模拟式仪表　　B. 测量仪表和显示仪表

C. 气动仪表和电动仪表

82.________不属于电动模拟式船舶监控仪表。

A. 功率式仪表　　B. 电流式仪表

C. 气动仪表

83.气动仪表的统一标准信号是________。

A. 0.02~0.1 MPa　　B. 0.02~0.05 MPa

C. 0.02~1 MPa

84.船舶监控仪表可分为________。

A. 测量仪表和控制仪表　　B. 气动仪表和电动仪表
C. 统一仪表和非标仪表

85.下列仪表中，属于电动仪表的是________。
A. 主机上的排烟温度表　　B. 锅炉水位计
C. 数字式燃油黏度表

86.船舶监控仪表按使用能源分为________。
A. 电流式仪表和电压式仪表　　B. 气动仪表和电动仪表
C. 数字式仪表和模拟式仪表

87.船舶监控仪表按结构形式分为________。
A. 气动仪表和电动仪表　　B. 数字式仪表和模拟式仪表
C. 基地式仪表和单元组合式仪表

88.电动仪表的统一标准信号是________。
A. 0～10 mA 和 3～20 mA　　B. 0～10 mA 和 4～20 mA
C. 0～15 mA 和 4～25 mA

89.下列关于基地式仪表的组成的叙述正确的是________。
A. 测量、显示、打印功能单元组装在一个壳内的仪表
B. 测量、显示、报警功能单元组装在一个壳内的仪表
C. 测量、显示、调节等功能单元组装在一个壳内的仪表

90.有关船舶监控仪表的维护，下列做法错误的是________。
A. 对打印机进行检查，清洁打印头、卷纸器
B. 在带电的情况，对转换器箱进行检查；查看线路板有无霉变
C. 用万用表检查各传感器的对地绝缘情况

第八节　电力驱动

1. 电动机正、反转控制线路中，常把正、反转接触器的常闭触点相互串接到对方的线圈回路中，这称为________控制。
A. 自锁　　B. 互锁
C. 闭锁

2. 电动机的起停控制线路中，常把起动按钮与被控电机的接触器常开触点相并联，这称之为________控制。
A. 自锁　　B. 互锁
C. 联锁

3. 下图为电动机控制线路局部，此电路可完成________控制。

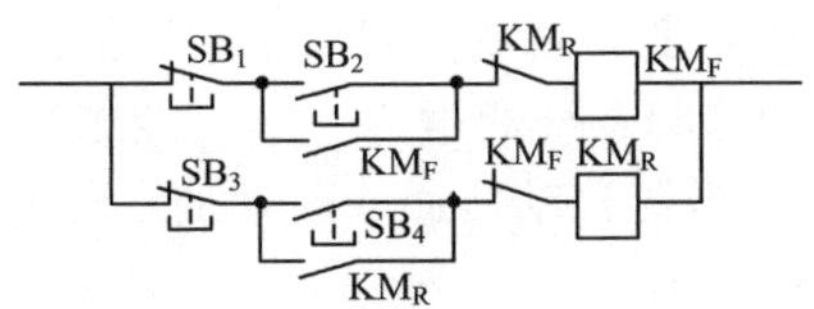

A. 多地点　　B. 互锁

C. 点动

4. 磁力起动器控制线路局部电路中，________接线线路安全，电机能正常工作和起停操作。

A. 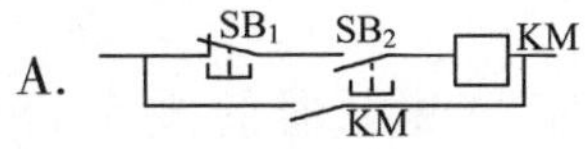

B. 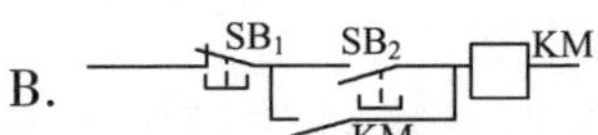

C. 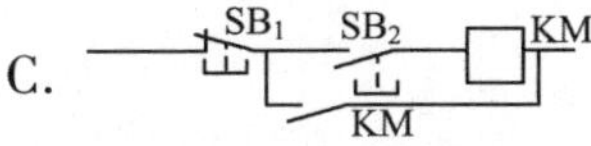

5. 电动机正、反转控制线路中，常把正转接触器的________触点________在反转接触器线圈的线路中，实现互锁控制。

A. 常闭；串联　　B. 常开；串联

C. 常闭；并联

6. 三相异步电动机正、反转控制，实质上是一种采取________的电源进线切换并辅以________方式防止电源相间短路的一种逻辑切换控制。

A. 不同相序；互锁　　B. 不同相序；自锁

C. 不同相位；互锁

7. 三相异步电动机正、反转控制线路，通过两个接触器________，实现正反转控制。

A. 对调三相供电线路中的两根线　　B. 对调三相供电线路中的三根线

C. 将电机在 Y/△接法之间切换

8. 对于三相异步电动机正、反转控制线路，下列说法正确的是________。

A. 正转接触器额定电流大，反转接触器额定电流小

B. 正、反转接触器是互锁控制

C. 正、反转接触器是自锁控制

9. 在被控对象的控制精度要求不高时，例如：水柜水位控制只要保证水位在柜高的 3/4～1/2 即可，常采取的最为简单、经济易行的控制方案是________控制。

A. 计算机　　B. 随动

C. 双位

10. 淡水压力柜的水泵电动机起停过于频繁，电器方面的因素可能是________。

A. 压力继电器低限值整定太高

B. 压力继电器高限值整定太低

C. 压力继电器低限值整定太高或高限值整定太低

11. 海(淡)水柜水位自动控制系统通过________检测柜内________变化进而判断水位水平,并决定是否需要自动接通或断开抽水泵电机的一种船用设备。
    A. 压力继电器;气体压力
    B. 电压继电器;气体压力
    C. 压力继电器;水位高度

12. 海(淡)水柜水位自动控制系统中,控制水泵起停的继电器是________。
    A. 压力继电器 B. 电压继电器
    C. 电流继电器

13. 海(淡)水柜水位自动控制系统中,控制水泵起停的继电器的文字符号是________。
    A. KP B. KC
    C. KV

14. 海(淡)水柜水位自动控制系统中的分别控制高水位和低水位的触点分别是________。
    A. 常闭触点、常开触点 B. 常开触点、常闭触点
    C. 主触头、常闭触点

15. 海(淡)水柜水位自动控制系统通过压力继电器的触点的开关控制,使水位保持于________,其中,该继电器的________触点控制水位上限。
    A. 任意区间;常闭 B. 预定区间;常开
    C. 预定区间;常闭

16. 空气压缩机的起停自动控制是用________检测气压并给出触点信号来控制的。
    A. 行程开关 B. 时间继电器
    C. 双位压力继电器

17. 空压机自动控制系统中,高压停机正常是由________控制的。
    A. 空气断路器 B. 热继电器
    C. 压力继电器

18. 空压机总是在空气压力低时能正常起动,但未到足够的高压值就停机,最可能的原因是________。
    A. 低压继电器整定值太高
    B. 冷却水压低,使压力继电器动作
    C. 高压继电器整定值太低

19. 空压机自动控制系统中的双位控制是指________的控制。
    A. 气压高限和低限 B. 冷却水和放残液

C. 手动和自动切换

20. 空压机自动控制方式是________双位控制。

A. 冷却水温度　　B. 进口管内气压

C. 空气瓶内气压

21. 空气压缩机的自动起停控制线路中，用组合式高低压压力继电器以实现在设定的高压值时________，而在设定的低压值时________。

A. 停止；停止　　B. 停止；起动

C. 起动；停止

22. 空气压缩机的自动起停控制线路中不可缺少________，以实现在设定的高压时________，而在设定的低压时________。

A. 压力继电器；停止；停止　　B. 压力继电器；停止；起动

C. 热继电器；停止；起动

23. 船用空压机自动控制电路的核心是________。

A. 压力双位控制　　B. 空气阀开关控制

C. 压力恒值控制

24. 船用空压机自动控制电路中空气瓶压力降至下限或升至上限时，分别由________触点与________触点动作。

A. 常开 KP_L；常闭 KP_H

B. 常闭 KP_H；常开 KP_L

C. 常闭 KP_L；常开 KP_H

25. 船用压缩机自动控制电路中空气瓶压力升至压力上限，那么________。

A. 常闭 KP_H触点立即断开，常开触点 KP_L保持断开

B. 常闭 KP_H触点保持闭合，常开触点 KP_L保持断开

C. 常开 KP_H触点保持断开，常闭触点 KP_L保持闭合

26. 带动大功率泵的船用三相异步电动机，最常用的起动方法是________。

A. Y-△起动　　B. 定子串电阻起动

C. 全压起动

27. 船用三相异步电动机 Y-△起动电路从起动到运行状态切换时间由________保证。

A. 时间继电器　　B. 电压继电器

C. 速度继电器

28. 船用三相异步电动机 Y-△起动电路中，定子三相绕组在正常运行时采用________连接，________重载起动。

A. 三角形；不能　　B. Y；不能

C. 三角形；能

29. 三相异步电动机星-三角降压起动是为了________。
    A. 提高起动电流　　B. 降低起动电流
    C. 提高起动电压
30. 三相异步电动机星-三角降压起动可有效降低________。
    A. 起动电流　　B. 起动电压
    C. 起动转速
31. 三相异步电动机起动的时间较长,加载后转速明显下降,电流明显增加,可能的原因是________。
    A. 电源缺相　　B. 电源电压过低
    C. 某相绕组断路
32. 热继电器对于船舶三相异步电动机来说,不能进行________保护。
    A. 短路　　B. 过载
    C. 缺相运行
33. 磁力起动器起动装置不能对电动机进行________保护。
    A. 超速　　B. 欠压
    C. 过载
34. 熔断器一般用于电动机的________保护。
    A. 短路　　B. 过载
    C. 缺相
35. 当电动机运行时突然供电线路失电,为了防止线路恢复供电后电动机自行起动,要求其控制线路应具有________保护功能。
    A. 零压　　B. 短路
    C. 过载
36. 具有磁力起动器起动装置的船舶电动机,其缺相保护一般是通过________自动完成的。
    A. 熔断器　　B. 热继电器
    C. 接触器与起停按钮相配合
37. 能对三相异步电动机过载和缺相同时起保护的元件的文字符号为________。
    A. FR　　B. KV
    C. FU
38. 在三相异步电动机保护电路中装有熔断器和热继电器,它们在电机保护电路中的功能分别为________。
    A. 短路保护和过载保护　　B. 过载保护和短路保护
    C. 短路保护和失压保护

39. 热继电器为三相异步电动机提供保护动作的特点是________。

A. 过载延时动作　　B. 过载瞬时动作

C. 短路延时动作

40. 三相异步电动机在带负载工作时,电源进线突然有一相断开,其保护电路中最可能动作的保护元件是________。

A. 热继电器　　B. 熔断器

C. 电压继电器

41. 船用起货机采用多速异步电动机,它通常是通过________得到不同转速的。

A. 空载起动　　B. 改变电源电压

C. 改变定子磁极对数

42. 不可能采取________的方法改变鼠笼式三相异步电动机转速。

A. 转子回路串电阻　　B. 改变电源频率

C. 改变电压

43. 以下转子串电阻调速的电动机为________。

A. 鼠笼式三相交流异步电动机

B. 绕线式三相交流异步电动机

C. 同步交流电动机

44. 改变磁极对数的调速方式一般用于________的调速。

A. 绕线式异步电动机

B. 一套定子绕组且接法不变的异步电动机

C. 鼠笼式异步电动机

45. ________的方法不能用于电机调速。

A. 变电源相数　　B. 变磁极对数

C. 变电源电压

46. 在改变同步转速的调速方法中,比较理想的是________。

A. 降低定子电压调速　　B. 变频调速

C. 变极调速

47. 鼠笼式三相异步电动机降定子电压调速属于改变________调速。

A. 磁极对数　　B. 转差率

C. 电源频率

48. 降低电源频率的同时,保持$\frac{E_1}{f_1}$=常数,则 Φ=常数,是恒磁通控制方式,其主要特点是________。

A. 最大转矩为随频率的降低而降低,但是不同频率的各条机械特性是近似平

行的

B. 最大转矩为常数,不同频率的各条机械特性是近似平行的

C. 最大转矩为随频率的降低而降低,频率越低的机械特性越软

49. 三相异步电动机变频调速以下特点中,不具有________。

A. 从基频向下调速,为恒转矩调速方式;从基频向上调速,近似为恒功率调速方式

B. 调速范围大;频率可以连续调节,变频调速为无级调速

C. 调速准确,电机速度即为同步转速

50. 变频调速中基频以下一般采用________控制方式。

A. 恒转矩调速　　B. 恒功率调速

C. 变阻调速

51. 交流变频调速额定频率以下调速的控制原则是,在变频调速过程中,________。

A. 保持气隙磁通恒定　　B. 保持定子电压恒定

C. 保持定子电流恒定

52. 为了在变频调速过程中,保持气隙磁通恒定,须采用________。

A. 恒 ω/f 控制方式　　B. 恒 U/f 控制方式

C. 恒 I/f 控制方式

53. 异步电动机的转速公式为 $n=n_1(1-s)=\frac{60f_1}{p}(1-s)$,所以说________。

A. 改变 f_1,就可以改变 n_1　　B. 改变 s,就可以改变 n_1

C. 改变 f_1,就可以改变 p

54. 如下图所示,一个变频调速系统主要由静止式变频装置、异步电动机和控制电路三大部分组成,静止式变频装置的输入是三相恒频、恒压电源,输出则是________均可调的交流电。

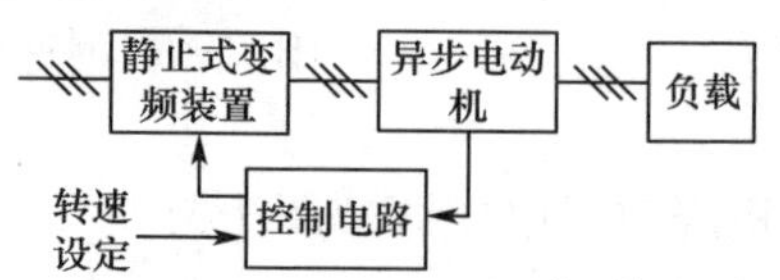

A. 频率和电流　　B. 相数和电压

C. 频率和电压

55. 一个变频调速系统主要由________三大部分组成。

A. 静止式变频装置、交流电动机和控制电路

B. 静止式变频装置、直流电动机和控制电路

C. 活动式变频装置、交流电动机和控制电路

56. 关于交流变频调速，下列叙述正确的是________。

A. 改变三相异步电动机转子电流频率，可以改变异步电动机的同步转速

B. 静止式变频装置的输入是频率和电压均可调的三相交流电

C. 变频调速系统主要由静止式变频装置、交流电动机和控制电路三大部分组成

第九节　电子-液压和电子-气动控制系统

1. 下图所示的是________。

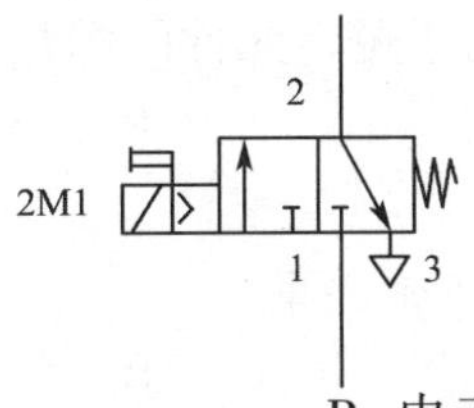

A. 电动溢流阀　　B. 电动单向阀

C. 电动二位三通阀

2. 如下图所示的阀件是________。

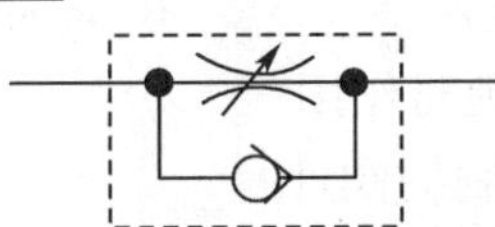

A. 电动溢流阀　　B. 单向节流阀

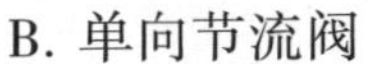

C. 电动二位三通阀

3. 下图所示的阀件是________。

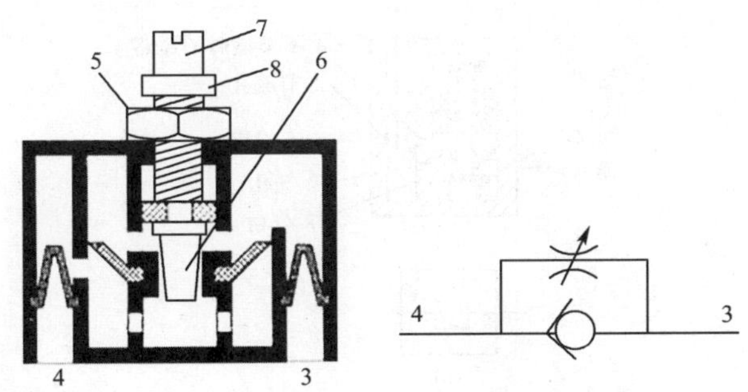

A. 二位三通阀　　B. 双座止回阀

C. 单向节流阀

4. 下图所示的阀件是________。

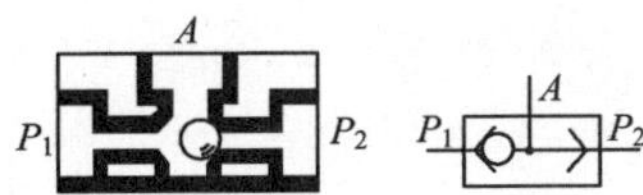

A. 二位三通阀　　B. 双座止回阀
C. 联动阀

5. 在气动操纵系统的阀件中,属于时序元件的阀是________。
A. 联动阀　　B. 双座止回阀
C. 单向节流阀

6. 在气动操纵系统的阀件中,属于比例元件的阀是________。
A. 双座止回阀　　B. 二位三通阀
C. 精密调压阀

7. 在气动操纵系统的阀件中,属于逻辑元件的阀是________。
A. 精密调压阀　　B. 二位三通阀
C. 单向节流阀

8. 双座止回阀能实现________逻辑关系。
A. 与　　B. 或
C. 与非

9. 单向节流阀属于________。
A. 逻辑元件,用于开关量控制　　B. 时序元件,用于控制开关量
C. 时序元件,对信号传递起延时作用

10. 在气动阀件中,属于时序控制的阀件是________。
A. 双座止回阀　　B. 二位三通阀
C. 单向节流阀

11. 分级延时阀的工作特点是________。

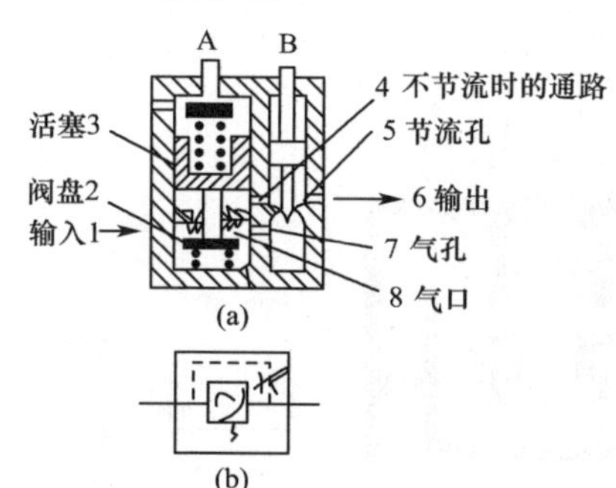

A. 输出信号始终等于输入信号
B. 输入信号较小时,输出等于输入;输入信号较大时,输出延时等于输入
C. 输入信号较小时,输出延时等于输入;输入信号较大时,输出立即等于输入

12. 速放阀的作用是________。

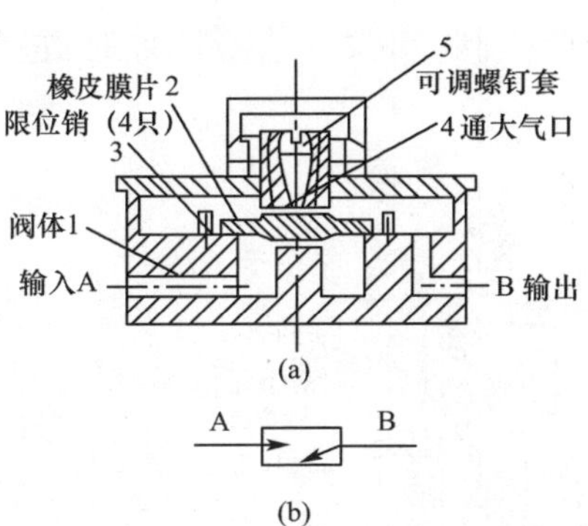

A. 对输入信号延时输出

B. 撤销输入信号,输出信号延时泄放

C. 防止远距离信号泄放的延迟

13. 在转速设定精密调压阀中,扳动车钟手柄,使上滑阀上移时,其输出气压信号和下滑阀移动方向为________。

A. 输出气压减小,向上移动　　　　B. 输出气压减小,向下移动

C. 输出气压增大,向上移动

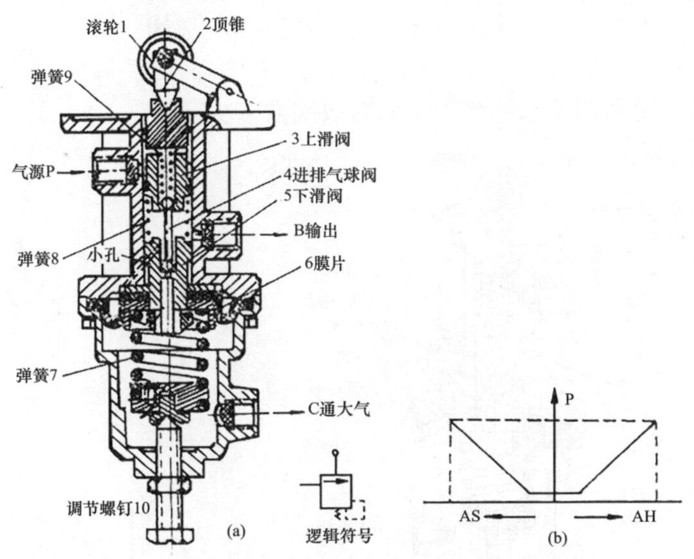

转速设定精密调压阀结构原理及输出特性图

14. 在气动阀件中,属于比例控制的阀件是________。

A. 二位三通电磁阀　　　　B. 三位四通阀

C. 转速设定精密调压阀

15. 主机转速设定精密调压阀,当输入信号增加时,进气球阀和排气球阀的状态是________。

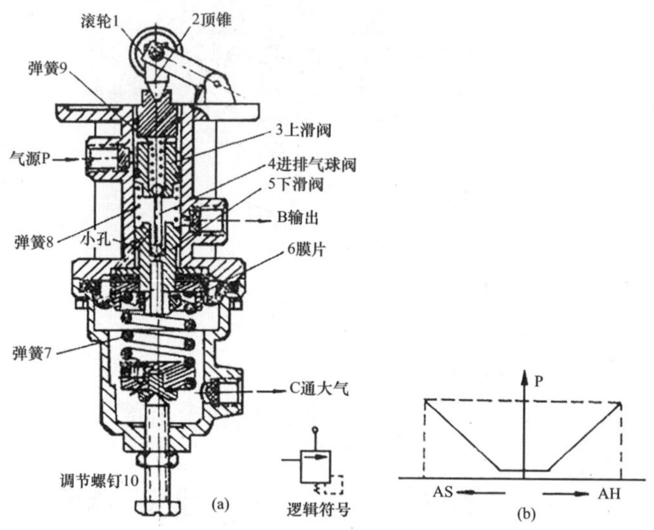

转速设定精密调压阀结构原理及输出特性图

A. 打开、打开　　B. 关闭、关闭

C. 打开、关闭

16. 若转速设定精密调压阀的弹簧 7 的有效圈数减少,则________。

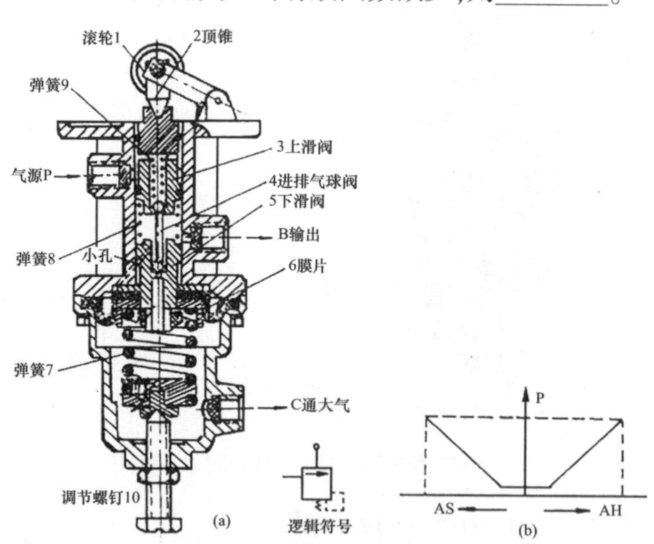

转速设定精密调压阀结构原理及输出特性图

A. 最大设定转速值增大,输出特性线的斜率增大

B. 最小设定转速值增大，输出特性线的斜率增大

C. 最大设定转速值减小，输出特性线向下平移

17. 在转速设定精密调压阀中，当扳动车钟手柄，使上滑阀下移时，其输出压力会________，下滑阀________移动。

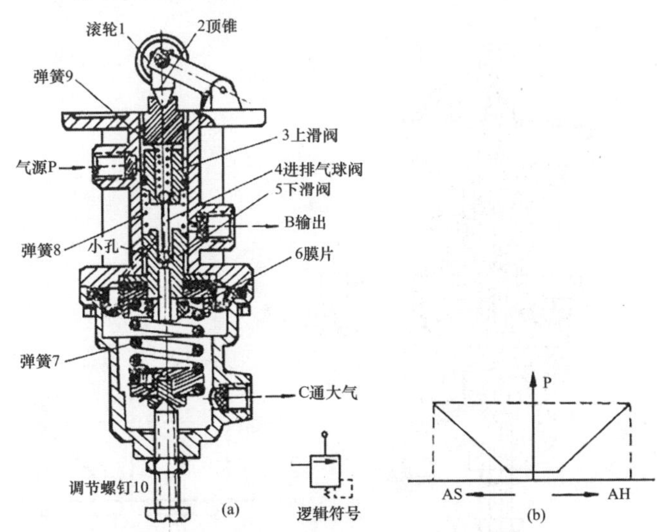

转速设定精密调压阀结构原理及输出特性图

A. 减小；向上　　　　B. 减小；向下

C. 增大；向下

18. 在转速设定精密调压阀中，为改变该阀输出特性线的斜率，其调整方法是________。

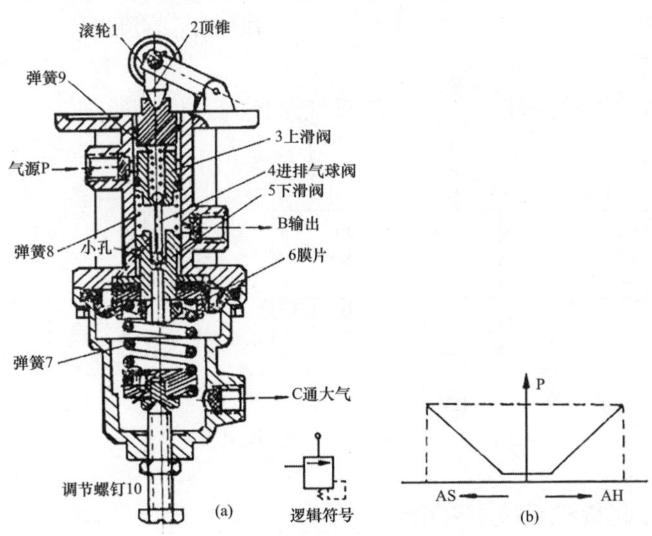

转速设定精密调压阀结构原理及输出特性图

A. 改变气源压力　　B. 调整顶锥与上滑阀之间垫片厚度
C. 改变可调弹簧有效的工作圈数

19. 在气动主机遥控系统中,当遥控车钟手柄在停车位置时,转速设定精密调压阀的输出值通常是________。

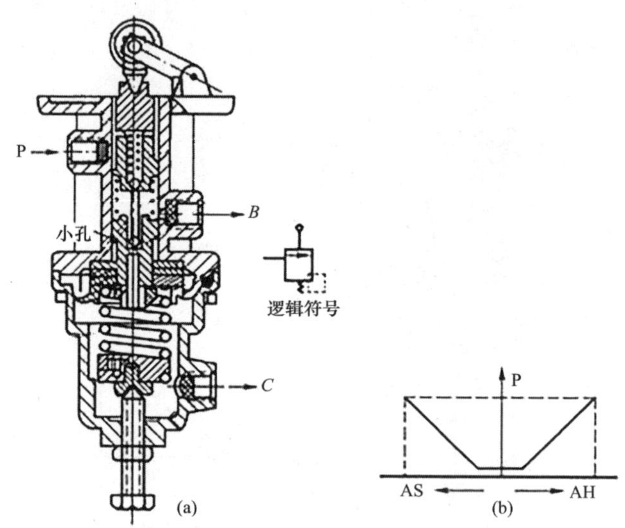

A. 0.14 MPa　　B. 0.5 MPa
C. 0.05 MPa

20. 在气动阀件中,属于逻辑控制的阀件是________。
A. 速放阀　　B. 单向节流阀
C. 联动阀

21. 下图所示的气动阀件________是双气路控制二位三通阀。

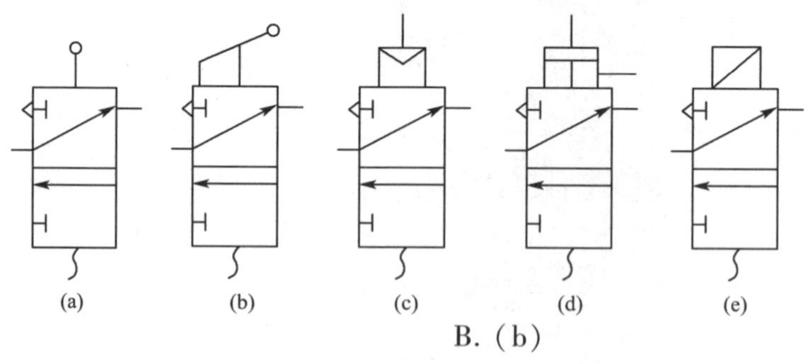

A. (a)　　B. (b)
C. (d)

22. 电动-液压起货机系统主要由________。
A. 主油泵、油马达、各种控制阀和管路等组成

B. 主油泵机组、油马达、各种控制阀和管路等组成

C. 主、辅油泵机组，油马达，各种控制阀和管路等组成

23. 关于船用电动液压起货机，叙述正确的是________。

A. 液压泵的作用是将液压能转换成机械能，是执行元件

B. 液压泵是利用工作腔容积的变化吸、排液压油，为油马达提供压力油液

C. 溢流阀的功用是使油液单向流动而不能倒流

第一节　船舶机械原理

1. B　2. C　3. C　4. A　5. B　6. A　7. A　8. A　9. B　10. A
11. A　12. A　13. A　14. B　15. C　16. C　17. A　18. A　19. C　20. C
21. A　22. C　23. A　24. A　25. C　26. B　27. C　28. C　29. C　30. A
31. B　32. B　33. B　34. A　35. A　36. B　37. C　38. C　39. A　40. A
41. A　42. A　43. B　44. B　45. B　46. A　47. C　48. C　49. C　50. C
51. C　52. C　53. B　54. A

第二节　电路

1. A　2. B　3. A　4. B　5. B　6. B　7. B　8. B　9. A　10. B
11. A　12. A　13. B　14. B　15. C　16. C　17. A　18. C　19. A　20. A
21. C　22. C　23. B　24. A　25. B　26. C　27. C　28. C　29. A　30. B
31. A　32. C　33. C　34. C　35. C　36. A　37. B　38. B　39. C　40. C
41. B　42. C　43. A　44. B　45. B　46. C　47. A　48. C　49. A　50. C
51. A　52. A　53. B　54. B　55. B　56. B　57. A　58. C　59. C　60. A
61. A　62. C　63. C　64. A　65. A　66. B　67. C　68. A　69. C　70. B
71. B　72. B　73. B　74. A　75. C　76. B　77. B　78. A　79. C　80. A
81. A　82. B　83. A　84. B　85. B　86. A　87. A　88. C　89. C　90. C
91. C　92. A　93. B　94. A　95. C　96. A　97. A　98. A　99. B　100. A
101. B　102. A　103. A　104. B　105. A　106. A　107. B　108. C　109. C　110. C
111. A　112. B　113. A　114. B　115. A　116. C　117. C　118. C　119. A　120. A
121. C　122. C　123. B　124. C　125. B　126. B　127. C　128. C　129. A　130. A

131. B 132. A 133. A 134. A 135. C 136. C 137. B 138. C 139. B 140. B

第三节 电机学

1. C 2. A 3. C 4. C 5. A 6. C 7. C 8. A 9. B 10. A
11. C 12. B 13. A 14. A 15. B 16. B 17. A 18. C 19. A 20. B
21. B 22. B 23. C 24. A 25. C 26. C 27. A 28. C 29. A 30. C
31. A 32. A 33. C 34. B 35. A 36. B 37. A 38. B 39. B 40. C
41. A 42. B 43. B 44. C 45. A 46. C 47. C 48. A 49. A 50. B
51. B 52. A 53. C 54. A 55. C 56. C 57. B 58. A 59. C 60. B
61. A 62. B 63. C 64. A 65. A 66. A 67. B 68. C 69. B 70. B
71. B 72. C 73. B 74. B 75. C 76. B 77. A 78. A 79. A 80. A
81. A 82. C 83. C 84. C 85. B 86. A 87. C 88. C 89. A 90. C
91. A 92. B 93. A 94. C 95. A 96. B 97. A 98. A 99. B 100. B
101. A 102. B 103. A 104. A 105. C 106. C 107. C 108. B 109. C 110. B
111. B 112. A 113. B 114. C 115. A 116. B 117. B 118. A 119. C 120. B
121. C 122. B 123. C 124. B 125. A 126. B 127. B 128. A 129. B 130. C

第四节 电子技术

1. C 2. C 3. B 4. B 5. C 6. A 7. B 8. C 9. B 10. B
11. B 12. C 13. C 14. C 15. A 16. B 17. C 18. A 19. C 20. C
21. B 22. B 23. A 24. C 25. A 26. C 27. A 28. C 29. B 30. A
31. B 32. C 33. A 34. B 35. C 36. C 37. B 38. A 39. B 40. C
41. B 42. C 43. C 44. C 45. A 46. C 47. B 48. C 49. C 50. C
51. C 52. C 53. B 54. A 55. A 56. A 57. A 58. C

第五节 配电屏和电气设备操作

1. A 2. A 3. B 4. C 5. B 6. A 7. C 8. B 9. C 10. B
11. C 12. C 13. A 14. C 15. C 16. A 17. C 18. A 19. C 20. C
21. B 22. B 23. B 24. C 25. A 26. B 27. B 28. C 29. C 30. A
31. A 32. B 33. B 34. B 35. B 36. C 37. C 38. A 39. A 40. A
41. C 42. C 43. A 44. C

第六节 自动控制系统和技术的基础

1. A　2. A　3. B　4. C　5. A　6. C　7. C　8. A　9. B　10. B
11. C　12. A　13. B　14. A　15. B　16. B　17. C　18. C　19. B　20. C
21. B　22. B　23. C　24. A　25. C　26. B　27. A　28. C　29. C　30. A
31. C　32. B　33. C　34. B　35. B　36. B　37. B　38. C　39. B　40. C
41. B　42. B　43. C　44. A　45. B　46. A　47. C　48. C　49. A　50. B

第七节 仪表报警和监控系统

1. C　2. A　3. B　4. B　5. C　6. C　7. A　8. B　9. C　10. A
11. B　12. B　13. C　14. A　15. C　16. C　17. A　18. B　19. C　20. A
21. C　22. B　23. C　24. A　25. A　26. B　27. C　28. B　29. A　30. C
31. A　32. B　33. A　34. C　35. A　36. C　37. C　38. A　39. B　40. A
41. C　42. B　43. A　44. B　45. C　46. C　47. B　48. A　49. C　50. B
51. B　52. C　53. C　54. A　55. C　56. B　57. B　58. B　59. B　60. B
61. B　62. C　63. B　64. B　65. B　66. C　67. B　68. A　69. C　70. C
71. B　72. C　73. B　74. B　75. A　76. C　77. A　78. B　79. B　80. C
81. B　82. C　83. A　84. B　85. C　86. B　87. C　88. B　89. C　90. B

第八节 电力驱动

1. B　2. A　3. B　4. B　5. A　6. A　7. A　8. B　9. C　10. C
11. A　12. A　13. A　14. A　15. C　16. C　17. C　18. C　19. A　20. C
21. B　22. B　23. A　24. A　25. A　26. A　27. A　28. A　29. B　30. A
31. B　32. A　33. A　34. A　35. A　36. B　37. A　38. A　39. A　40. A
41. C　42. A　43. B　44. C　45. A　46. B　47. B　48. B　49. C　50. A
51. A　52. B　53. A　54. C　55. A　56. C

第九节 电子-液压和电子-气动控制系统

1. C　2. B　3. C　4. B　5. C　6. C　7. B　8. B　9. C　10. C
11. B　12. C　13. A　14. C　15. C　16. A　17. C　18. C　19. C　20. C
21. C　22. C　23. B

第三章 电气电子设备维护和修理

第一节　船舶电力系统概述

1. 船舶电力系统是由________组成。
   A. 电源设备、配电装置、电力网、负载
   B. 电源设备、调压器、电力网
   C. 电源设备、负载
2. 船舶电力系统的特点是容量小,负载变化频繁,________,工作环境恶劣。
   A. 电源到负载的距离远　　B. 电源到负载的距离近
   C. 电源到负载的距离固定
3. 下列关于船舶电源装置的说法,错误的是________。
   A. 是将其他形式的能源(如机械能、化学能等)转换为电能的装置
   B. 在民用船舶上主发电机和应急发电机的原动机多采用柴油机
   C. 蓄电池可作为主电源
4. 下列关于船舶负载的说法错误的是________。
   A. 舵机、锚机、绞缆机、起货机属于甲板机械
   B. 主要有动力负载(各种电力拖动机械)、照明负载、通信导航设备等
   C. 照明负载往往占总用电量的70%左右
5. 下列不属于船舶电力系统的特点的是________。
   A. 船舶电站容量较大　　B. 船舶电网线路短
   C. 船舶电网的频率、电压易波动
6. 船舶电力系统的基本参数是________。
   A. 额定功率、额定电压、额定频率
   B. 电压等级、电流大小、功率大小
   C. 电流种类、额定电压、额定频率
7. ________不属于船舶电力系统基本参数。

A. 额定电压　　B. 额定电流
C. 额定频率

8. ________不属于船舶电力系统基本参数。
A. 额定电压　　B. 电源大小
C. 额定频率

9. 由于船舶电力系统采用的参数与陆上一致,好处是________。
A. 便于接用岸电　　B. 便于直接采用陆用电器设备
C. 便于管理、控制

10. 按照中国船级社《钢质海船入级规范》规定建造的非电力推进船舶,动力负载的额定电压一般为________。
A. 380 V　　B. 200 V
C. 400 V

11. 船舶电力系统的基本参数是指________。
A. 额定频率的等级、额定电压和额定电流
B. 电压等级、电流大小和功率大小
C. 电流种类、额定电压和额定频率的等级

12. 我国建造的非电力推进交流船舶的发电机额定电压为________;动力负载的额定电压为________。
A. 380 V;220 V
B. 400 V;380 V
C. 230 V;220 V

13. 我国建造的非电力推进交流船舶的发电机额定频率为________Hz。
A. 50　　B. 55
C. 60

14. 电网频率波动对哪种负载没有影响?
A. 电动机　　B. 日光灯
C. 白炽灯

15. 船舶电网的线制,目前应用最为广泛的是________。
A. 三线绝缘系统
B. 中性点接地的三相四线制系统
C. 利用船体做中线的三线系统

16. 目前我国大多数船舶采用的电网线制是________。
A. 中性点接地三线系统
B. 中性点不接地的三相三线制系统

C. 中性点接地的三相四线系统

17. 在船舶电网线制中,单相接地时不会产生短路电流而跳闸,不会影响三个线电压的对称关系的是________。

A. 三线绝缘系统

B. 中性点接地的三相四线系统

C. 中性点接地的三线系统

18. 关于船舶电网,下列说法错误的是________。

A. 动力电网主要向电动机和照明负载供电

B. 应急电网是在主电网失电后,向全船重要的辅机、应急照明信号灯、通信导航等设备供电

C. 小应急照明是由蓄电池组供电

19. 船舶电站汇流排 A、B、C 三相的颜色是________。

A. A—绿;B—黄;C—褐

B. A—褐;B—绿;C—黄

C. A—绿;B—蓝;C—紫

第二节 常见电器的拆装和更换

1. YT-1226 压力继电器属于________继电器。

A. 波纹管式 B. 膜片式

C. 弹簧管式

2. YT-1226 压力继电器幅差调整螺钉有一红色标记,在它旁边的圆柱面上有 0~10 挡刻度,红色标记对准 0 挡时,ΔP =________。

A. 0.01 MPa B. 0.07 MPa

C. 0.05 MPa

3. YT-1226 压力继电器幅差调整螺钉有一红色标记,在它旁边的圆柱面上有 0~10 挡刻度,红色标记对准 10 挡时,ΔP =________。

A. 0.1 MPa B. 0.3 MPa

C. 0.25 MPa

4. 计时精度比较高,定时范围较大,常用于多回路场合的时间继电器是________。

A. 电磁式时间继电器 B. 电动式时间继电器

C. 空气阻尼式时间继电器

5. 通常所说的电子式时间继电器是________时间继电器。

A. 电磁式 B. 空气阻尼式

C. 晶体管式

6. 时间继电器的时间是依据________整定的。

A. 电流大小　　B. 电压大小

C. 实际控制要求

7. 热继电器一般在电路中起________作用。

A. 零位保护　　B. 短路保护

C. 过载保护

8. 一般情况下热继电器的整定电流等于________电机额定电流。

A. 0.6~0.8 倍　　B. 1 倍

C. 1.5 倍

9. 当电动机起动时间较长或拖动冲击负载不允许停车时,可将热继电器热元件的整定电流调整到电机额定电流的________。

A. 0.6~0.8 倍　　B. 1.5 倍

C. 1.1~1.15 倍

10. 自动空气断路器在使用一定次数后或触头表面发现有毛刺、颗粒等应清理,以保持接触良好,当触头磨损至原来厚度的________时,应予更换。

A. 1/2　　B. 1/3

C. 1/4

11. 当发电机带正常负载,在起动电动机时自动开关立即分闸,其可能原因是过电流脱扣器________。

A. 瞬时动作整定电流太小　　B. 长延时整定值太大

C. 长延时整定值太小

12. 框架式自动空气断路器电动合闸时,按下按钮后主开关毫无反应而手动方式合闸正常,则可认为故障点在合闸控制电路。可一边按________按钮,一边用万用表测量________是否到达断路器的相应接线端子来确认。

A. 分闸;合闸信号　　B. 分闸;分闸信号

C. 合闸;合闸信号

13. 电动起货机的刹车间隙应当为________,但应以起货机起吊额定负荷时既能刹住车而制动器又不冒黑烟为准。

A. 0.1~0.5 mm　　B. 0.6~2 mm

C. 2~6 mm

14. 当起货机的电磁制动器刹车打不开时,可通过________来实现可靠松开。

A. 增大动、静摩擦片间的间隙　　B. 减小动、静摩擦片间的间隙

C. 增加电磁力

15. 船舶起货机的制动圆盘与电磁铁铁芯间的间隙调整是通过________进行调

整的。

A. 圆盘制动器端盖上的调节螺丝

B. 动、静摩擦片两侧的垫板厚度

C. 电磁线圈匝数

16. 调整电磁制动器间隙时，如果________，则可能会出现噪声和振动。

A. 制动圆盘与电磁铁铁芯间的间隙过小

B. 圆盘制动器的摩擦片过厚

C. 调节螺栓不均匀

17. 调整电磁制动器间隙时，间隙为________时较合适。

A. 0.2～2 mm　　B. 2～6 mm

C. 0.6～2 mm

18. 为保证被焊件在受到振动或冲击时不至脱落、松动，要求焊点要________。

A. 光滑　　B. 有足够的机械强度

C. 大

19. 助焊剂一般用松香或松香水，禁止用________焊剂。

A. 酸性　　B. 碱性

C. 中性

20. 在焊接时，如果温度过低，焊锡流动性差，很容易________；如果锡焊温度过高，将使焊锡流淌，________。

A. 焊盘脱落；虚焊　　B. 金属表面加速氧化；虚焊

C. 虚焊；焊点不易存锡

21. 焊接小功率半导体器件一般用________电烙铁。

A. 10～20 W　　B. 20～45 W

C. 45～60 W

22. 控制线路中的某电器元件符号如下图所示，它是________。

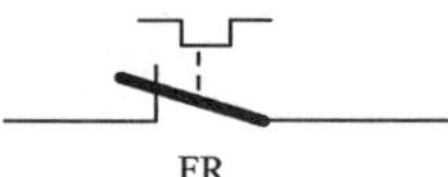

A. 接触器的常闭主触点　　B. 热继电器的常闭触点

C. 接触器的常开主触点

23. 控制线路中的某电器元件符号如下图所示，它是________。

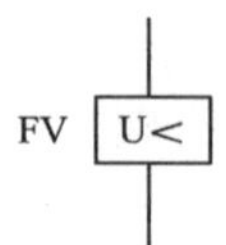

A. 欠压继电器线圈　　B. 欠流继电器线圈

C. 过流继电器线圈

24. 电动机正、反转控制线路中，常把正、反转接触器的常闭触点相互串接到对方的线圈回路中，这称为________。
   A. 自锁控制　　B. 互锁控制
   C. 多地点控制
25. 对控制箱进行故障检查时，如果带电应采用________。
   A. 直观检查法　　B. 电阻检查法
   C. 电压检查法
26. 对控制箱进行故障检查时，如果不带电应采用________。
   A. 直观检查法　　B. 电阻检查法
   C. 电压检查法
27. 对控制箱进行故障检查时，如果怀疑某段电路未闭合可采用________。
   A. 直观检查法　　B. 电阻检查法
   C. 局部短接检查法
28. 下图所示的电路可完成________。

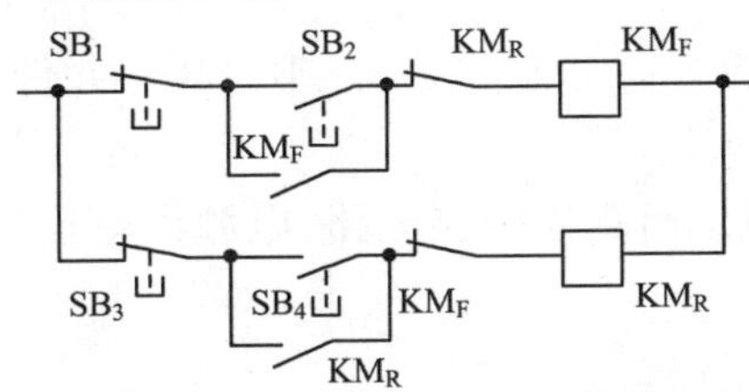

   A. 多地点控制　　B. 互锁控制
   C. 点动控制
29. 下图为电机单向连续运行起停控制电路，当按下 SB_2 电机只能点动运行而不能连续运行，可能出现的故障是________。

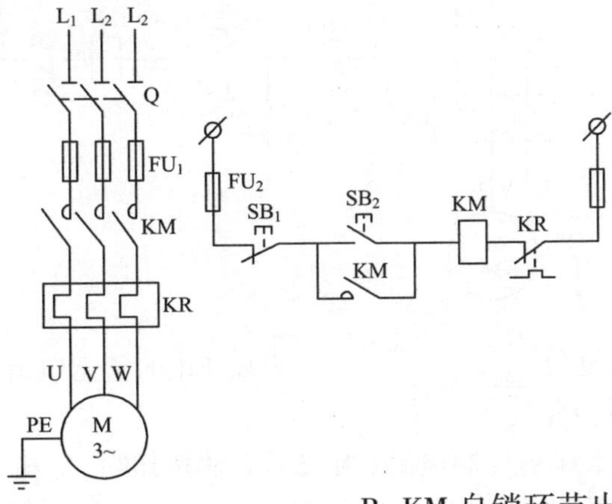

   A. SB_2 坏了　　B. KM 自锁环节出问题了
   C. KM 烧坏了

30. 下图为电机单向连续运行起停控制电路，当按下 SB_2 后，电机不能起动且有“嗡嗡”的声音，则不可能出现的故障是________。

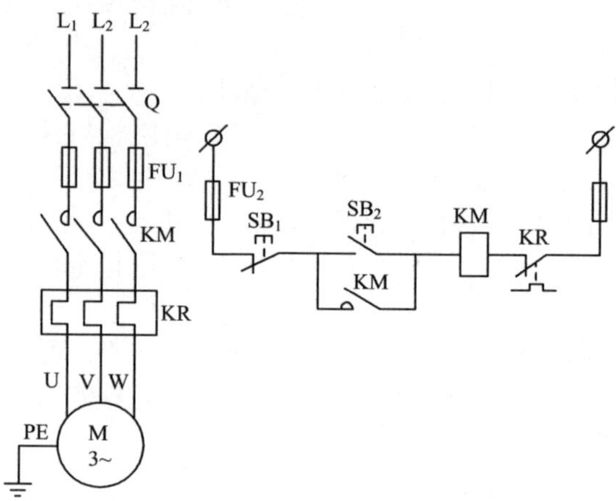

A. 电机一相绕组断线　　B. FR 热元件一相断开

C. KM 线圈烧坏

31. 下图为电机单向连续运行起停控制电路，电源供电正常，当按下 SB_2 后系统无反应，可能的原因是________。

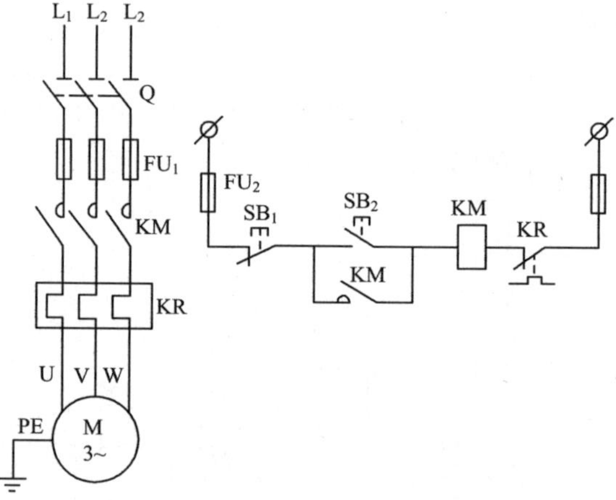

A. FR 动作后未复位　　B. FR 的整定电流太小

C. KM 发生了触点粘连

32. 下图为电机 Y-△起动控制电路，当按下起动按钮后，电机一直处于 Y 接起动状态，不能达到正常运行，该现象可能是由于________引起的。

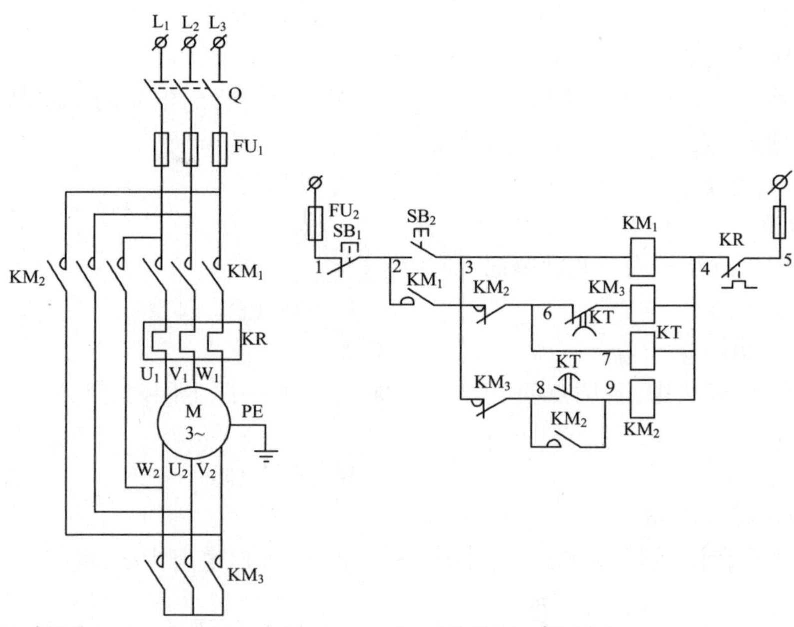

A. KT 坏了

B. KM_1 坏了

C. KM_3 坏了

33. 下图为电机 Y-△起动控制电路，当按下起动按钮后，电机 Y 起动延时后进入△运行后马上断电停止了，该现象可能是由于________引起的。

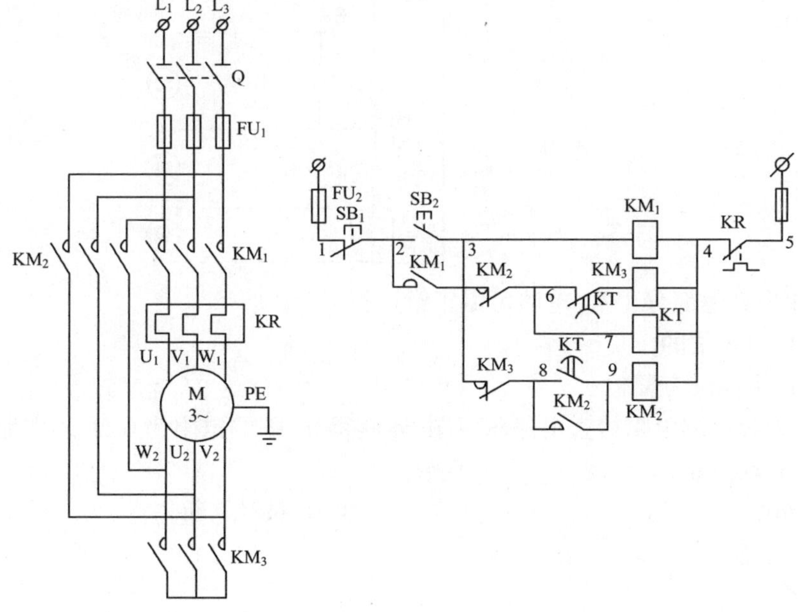

A. KT 坏了　　B. KM_1 坏了

C. KM_2 不能自锁

34. 电阻检查法是利用万用表的________挡,对电路进行断电后的电阻测查,进而找出故障所在的一种不带电检查法。

A. 直流电压　　B. 欧姆

C. 电流

35. 用电阻检查法检查线路故障时,应该先________。

A. 并入电阻　　B. 断开电源

C. 串入电阻

36. 在电阻检查法中,若两点间有并联电路,则在测一路电阻时,其余并联的电路应________。

A. 断开　　B. 并入电阻

C. 应串接在电路中

37. 下图为分段测电阻检查电路示意图,若测得 4—5 的电阻为∞,说明________。

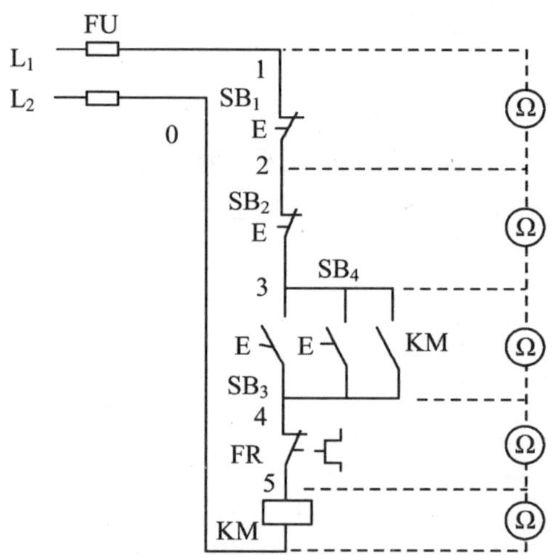

A. 如果其他部分正常,电路可以正常运行

B. FR 是正常的

C. FR 可能没有复位

38. 下图为分段测电阻检查电路示意图,若测得 0—5 的电阻为 0 Ω,当电路通电后按下起动按钮,会出现________现象。

A. 电机正常运行　　B. 熔断器烧断

C. KM 烧坏

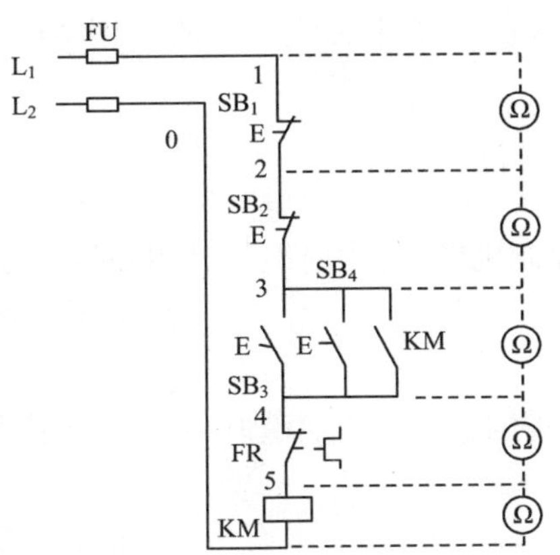

39. 下图为分段测电阻检查电路示意图，若测得 0—5 的电阻为∞，当电路通电后按下起动按钮，会出现________现象。

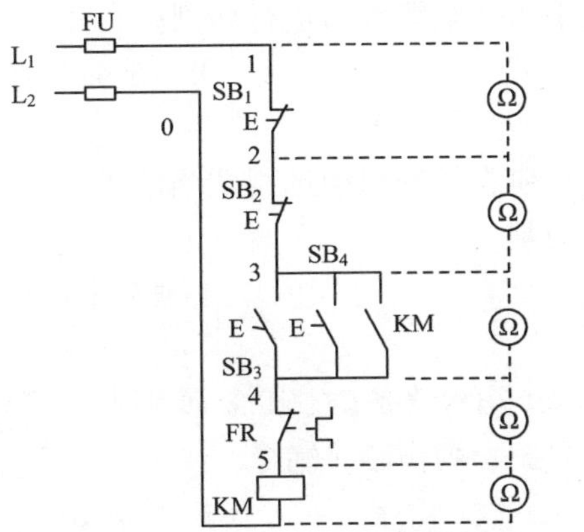

A. 电机正常运行　　　　B. 不能起动运行

C. 电源短接

40. 船用电缆分类有多种，按其作用可分为________。

A. 高压电缆、低压电缆

B. 通信电缆、电力电缆、控制电缆

C. 强电电缆、弱电电缆

41. 在弱电控制网络中，一般对屏蔽要求较高，所以应选用________。

A. 低压电缆　　　　B. 控制电缆

C. 通信电缆

42. 应按电缆的用途、敷设位置、________来确定电缆型号。

A. 工作条件　　　　B. 电压大小

C. 负载大小

43. 选择多芯电缆时，应留有备用芯线。一般实用电缆为 2～4 芯时，备用芯线是________根。

A. 1　　B. 2

C. 3

44. 通信电缆不能与控制电缆、电力电缆等共用一根多芯电缆，以防止________。

A. 绝缘击穿　　B. 相互干扰

C. 电压过高

45. 电缆切割应当由外向里进行，必须谨慎小心，不能损坏________。

A. 芯线的导电性

B. 芯线绝缘

C. 芯线的外表

46. 电缆切割时，应按电缆直径的粗细选用适当的工具，当电缆的直径小于________时，可用手钳或电缆剪刀进行切割。

A. 10 mm　　B. 15 mm

C. 20 mm

47. 电缆切割时，应按电缆直径的粗细选用适当的工具，当电缆直径大于________时，可用钢锯进行切割。

A. 25 mm　　B. 15 mm

C. 20 mm

48. 电缆进入无防水要求的设备时，其金属编织护套应比绝缘护套多切除________，以免编织护套刺伤芯线绝缘。

A. 2 mm　　B. 2～3 mm

C. 1～2 mm

49. 金属编织护套切割后，应在切割处包以 2～3 层塑料带扎紧，一般应使包扎长度的________在金属编织护套上。

A. 1/3　　B. 2/3

C. 1/2

50. 目前电缆芯线端部处理广泛采用________。

A. 冷压铜接头　　B. 销状接头

C. 环状接头

51. 下图所示为单股导线的________，连接时将支线根部留出________。

A. 直接连接方法；3～5 mm　　B. T 形分支连接法；2～3 mm

C. T 形分支连接法；3～5 mm

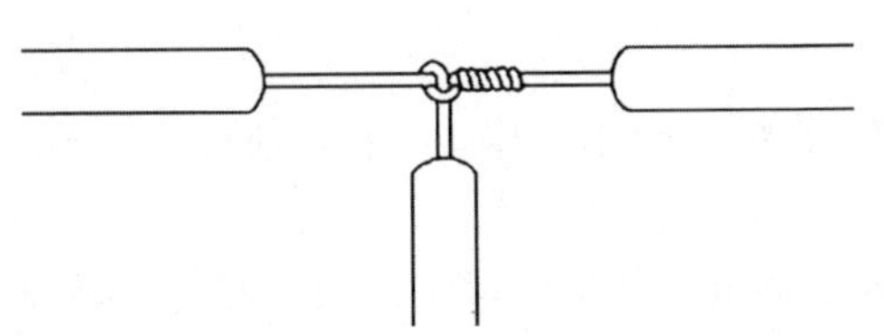

52. 导线连接后，必须________，且处理后的绝缘强度________原有的绝缘性能。

A. 处理；应高于　　B. 恢复绝缘；不应低于

C. 恢复绝缘；应高于

53. 用在 380 V 线路上的电线恢复绝缘时，必须先包缠 1～2 层________（或涤纶薄膜带），然后再包缠一层________。

A. 黑胶带；黄蜡带　　B. 胶带；黄蜡带

C. 黄蜡带；胶带

54. 交流电机在拆卸前，应先在________做好标记以便于装配。

A. 风扇处　　B. 线头、端盖等处

C. 转轴处

55. 交流电机拆卸时在抽出转子前，应在转子下面气隙和绕组端部垫上厚纸板，以免在抽出转子时________。

A. 碰伤工作人员　　B. 有零部件带出

C. 碰伤绕组和铁芯

56. 在拆除电机旧绕组时，为便于取出线圈，可将旧绕组________再从槽中拉出。

A. 清洗后　　B. 加热至一定温度后

C. 测量后

57. 电动机在装配时，应将轴承和轴承盖先用________清洗。

A. 水　　B. 煤油

C. 汽油

58. 电动机在装配时轴承套装完毕，要加装润滑脂，润滑脂的塞装要________，且________。

A. 到位；要装满　　B. 到位；不要装满

C. 均匀；不要装满

59. 电机后端盖的安装是将轴伸端朝下垂直放置，在其端面上垫上木板，将后端盖套在后轴承上，用________，将其敲进去后，装轴承外盖。

A. 钳子敲打　　B. 手敲打

C. 木槌敲打

60. 电机后端盖在安装旋紧内外轴承盖的螺栓时，要________。

A. 一次性拧紧一个，再拧下一个　　B. 先紧对角

C. 按自己的习惯

61. 安装转子时，把转子对准定子孔中心，小心地往里放送，后端盖________，旋上后端盖螺栓，但________。

A. 要对准与机座的标记；不要拧紧　　B. 要对准转子中心线；要拧紧

C. 要对准转子中心线；不要拧紧

62. 安装前端盖时，将前端盖对准与机座的标记，用________端盖四周，不可单边着力，________逐步拧紧螺栓。

A. 木槌均匀敲击；逆时针方式　　B. 木槌均匀敲击；顺时针方式

C. 木槌均匀敲击；对角线方式

63. 电机轴承需要添加润滑脂时，一般 1500 r/min 的电机加轴承室空间的________。

A. 1/2　　B. 2/3

C. 1/4

64. 对于已浸过水的电机提高绝缘电阻不可用________方法。

A. 烘箱干燥　　B. 热风干燥

C. 电流干燥

65. 电机受潮后，用烘箱干燥法提高电机绝缘性能，烘烤温度应根据________来定。

A. 电机容量　　B. 电压等级

C. 绝缘等级

66. 电机受潮后，用干燥法提高电机绝缘性能，干燥开始应每隔________测一次温度和绝缘电阻。

A. 40 min　　B. 20 min

C. 30 min

67. 电机受潮后，用干燥法提高电机绝缘性能，当温度稳定后应每隔________测量一次绝缘电阻。

A. 1 小时　　B. 1.5 小时

C. 2 小时

68. 电机受潮后，用干燥法提高电机绝缘性能，当绝缘电阻达________以上而且不再变化即可停止烘干。

A. 2 兆欧　　B. 5 兆欧

C. 4 兆欧

69. 电机定子绕组断路、短路或接地时，可出现________。

A. 电动机转速过低　　B. 电动机振动

C. 电源接通后电动机不起动

70. 电机定子绕组接线错误时可能出现________故障现象。

A. 电动机转速过低　　B. 电动机振动

C. 电源接通后电动机不起动

71. 鼠笼式异步电动机转子断条时可能出现________故障现象。

A. 电动机运行温升过高　　B. 电动机转速过低

C. 电源接通后电动机不起动

72.在直流电机中,故障率最高,维护量最大的部件是________。

A. 换向极　　B. 换向器与电刷

C. 电枢绕组

73.关于直流电机的主要特点,叙述正确的是________。

A. 直流电动机中电磁力矩的方向和转向相反,为制动转矩

B. 直流电动机结构及运行过程中存在的薄弱环节是电刷与换向器

C. 要改变直流电动机的转向需同时改变励磁电流和电枢电流的方向

74. 以下电机中,具有换向器装置的是________。

A. 鼠笼式交流异步电动机　　B. 交流同步发电机

C. 直流发电机

第三节　船舶电力系统的绝缘检测

1. 对于三相绝缘系统,下列说法正确的是________。

A. 当系统中发生单相接地时,系统会出现单相短路的现象

B. 为了避免多故障的照明电网对电站的影响,船舶电网线制采用三相绝缘系统

C. 三相绝缘系统有中线电流

2. 为了防止电磁场干扰精密电子设备,所采取的接地称为________。

A. 工作接地　　B. 保护接地

C. 屏蔽接地

3. 下列接地线属于保护接零的是________。

A. 电流互感器的铁芯接地线　　B. 无线电设备的屏蔽体的接地线

C. 为防止雷击而进行的接地

4. 工作电压超过________的电气设备,均应可靠接地。

A. 24 V　　B. 36 V

C. 50 V

5. 下列关于船舶电气设备接地的说法错误的是________。

A. 当电气设备直接紧固在船体金属结构有可靠电气连接的基座(或支架)上

时,可不另设置专用接地导体接地

B. 工作接地不能与保护接地共用接地导体和螺栓,但可以将设备的紧固螺栓作为工作接地的接地螺栓

C. 电气设备的保护接地及工作接地的接地柱的螺纹直径应不小于 6 mm

6. 电焊机的接地线属于________。

A. 工作接地　　B. 保护接地

C. 安全接地

7. 关于接地,下列做法不正确的是________。

A. 电动机外壳都不接地　　B. 工作地线的长度尽量短

C. 热电偶电缆的屏蔽层只是一端接地

8. 电气设备保护接地的目的是________。

A. 保护人身安全　　B. 防止电磁干扰

C. 防止船体漏电

9. 电气设备在正常条件下不带电的金属部分与电网的中性线紧密相连,或与直流回路中的接地中性线相连,称为________。

A. 工作接地　　B. 保护接地

C. 保护接零

10. 属于功能性接地的是________。

A. 工作接地　　B. 保护接地

C. 屏蔽接地

11. 下列接地线属于屏蔽接地的是________。

A. 为了防止电磁干扰,在屏蔽体与地或干扰源的金属机壳之间所做的良好电气连接

B. 为防止雷击而进行的接地

C. 为了防止电气设备因绝缘破坏,使人遭受触电危险而进行的接地

12. 关于船舶电气设备接地的叙述中,错误的是________。

A. 只要能保证接地可靠,对工作接地线截面积无具体要求

B. 工作电压不超过 50 V 的电气设备,一般不必设保护接地

C. 工作接地和保护接地不得共用接地线

13. 船舶甲板上的斜拉索具、活动吊杆、金属舱口盖和输油管路均有可靠的金属接地连接,这种接地________。

A. 抗无线电干扰　　B. 可用于消除静电

C. 为避雷接地

14. 照明网络接地故障的查找常通过________来查找。

A. 万用表　　B. 配电板式兆欧表

C. 机械绝缘摇表

15. 船舶照明系统接地故障引起的原因一般是由于________引起。

A. 负载过载　　B. 接头松动

C. 电缆线老化破损碰地

16. 目前船舶电力系统中,如果发生单相接地不会发生短路而跳闸保护,不影响三个线电压的对称关系,那么船上采用________。

A. 三相三线绝缘系统　　B. 用船体作为中线的三线系统

C. 中性点接地的三相三线制系统

17. 船舶电机在使用中经常要检测其绝缘值,电机绕组对地和绕组之间的绝缘电阻在电机热态时应不低于________。

A. 1 MΩ　　B. 5 MΩ

C. 2 MΩ

18. 下列关于电机的绝缘测量的叙述,正确的是________。

A. 测量额定 36 V 以下的电机绝缘电阻,只能选用 100 V 或 250 V 以下的兆欧表

B. 测量额定工作电压在 1000 V 以上的设备,一般选用 1000 V 的兆欧表

C. 测量电机绝缘电阻时无须考虑电机的工作电压

19. 用手摇兆欧表检查异步电动机定子三相绕组对地绝缘状态,则________断开定子绕组的 Y 形或△形连接,在接线盒中________绕组接线端对地的绝缘。

A. 应;分别检测两相　　B. 应;检测任意一相

C. 不必;检测任意一相

20. 当绝缘电阻低于 0.5 MΩ 时,必须进行烘干处理,提高电机的绝缘。烘干的方法很多,但________不是常用的方法。

A. 烘箱烘干法　　B. 电磁烘干法

C. 主机或锅炉废热风烘干法

21. 电动机绕组因绝缘破坏的接地测试方法很多,但除肉眼直接观察外,还应配以合适的仪器,如________等。

A. 绝缘兆欧表、电机故障检测仪　　B. 电流表

C. 漏电毫安表

22. 电气设备极容易出现绝缘能力降低情况,尤其是________。

A. 甲板设备中的电动机　　B. 驾驶操控台

C. 集控室配电屏

23. 船舶电网绝缘电阻监测通常采用________。

A. 手摇式兆欧表　　B. 配电盘式兆欧表

C. 万用表欧姆挡

24. 用地气灯监视电力系统的绝缘，无接地情况，三灯所承受的电压均为________，所以三灯亮度相同。

A. 线电压　　B. 相电压

C. 正电压

25. 用地气灯监视电力系统的绝缘，如其中一只灯熄灭，其余两只比平时亮，说明________。

A. 一只灯泡烧毁　　B. 单相接地

C. 三相接地

26. 采用地气灯对船舶电网单相接地进行监测，仅适合于________。

A. 中性点接船体的三相系统　　B. 船体做中线的三相系统

C. 三相绝缘系统

27. 在船舶电站中，配电板上装有________用来监视电网的接地，还装有________用来检测电网的绝缘电阻值。

A. 摇表；相序测定仪　　B. 绝缘指示灯；配电板式兆欧表

C. 兆欧表；绝缘指示灯

28. 装在船舶主配电板负载屏的三只接成星形且中点接船壳的灯泡，是________。

A. 主发电机投入指示灯　　B. 绝缘指示灯

C. 岸电投入指示灯

29. 船舶主配电板负载屏上大多装有如图所示的灯光指示装置，图中三个灯的作用是________。

A. 监测负载绝缘　　B. 单相接地监视

C. 监视发电机绝缘

30. 用地气灯监视电力系统的绝缘，无接地情况，三灯所承受的电压均为相电压，所以________。

A. 三灯亮度相同　　B. 三灯亮度不相同

C. 一只灯特亮，两只灯亮度相同

31. 配电板式兆欧表法适用于________带电测量对地绝缘。

A. 中性点接地的三相四线制　　B. 船体做中线的三相系统

C. 三相绝缘系统

32. 当用电设备的绝缘严重老化后,可能产生________。

A. 短路 B. 逆功率

C. 过载

第四节 船上直流系统

1. 如下图所示,当开关未闭合时,开关两侧的 A 点与 B 点间的电压是________伏,B 点与 C 点间的电压是________伏。

A. 0;12 B. 12;12

C. 12;0

2. 欧姆定律表明,当电压、电流的参考方向的选择相反时,数学表达式为________。

A. $I=U/R$ B. $R=-IU$

C. $I=-U/R$

3. ________是电阻的国际单位。

A. 欧姆(Ω) B. 安培(A)

C. 库仑(C)

4. 把一只 220 V、100 W 的灯泡,误接在 110 V 的电源上,这时灯泡的实际功率约为________。

A. 100 W B. 25 W

C. 50 W

5. 一只电阻的额定值为 1 W、100 Ω,在使用时电流不得超过________A,电压不得超过________V。

A. 0.01;1 B. 0.1;1

C. 0.1;10

6. 某具有内阻的直流电源与负载电阻构成的简单供电网络如下图所示,$E=230$ V,$R_o=0.1$ Ω,$R_L=2.2$ Ω;若在 SA 闭合时,电路中的工作电流为________。

A. 2300 A B. 100 A

C. 105 A

7. 根据在电路图上所选电压和电流的参考方向的不同,在欧姆定律的表达式中可带有正号或负号。当电压和电流的参考方向一致时,________;当两者的参考方向选得相反时,________。

A. $U=-IR$; $U=-IR$　　B. $U=IR$; $U=IR$

C. $U=IR$; $U=-IR$

8. 如下图所示的电路中 $I_4=$________ A。

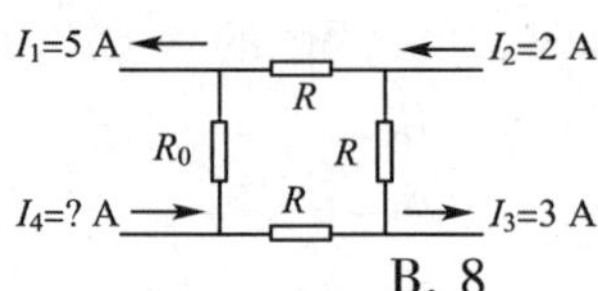

A. 6　　B. 8

C. 10

9. 如下图所示的某局部电路,$I_3=$________ A。

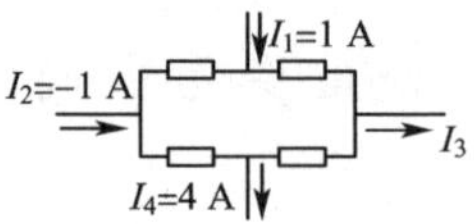

A. −2　　B. 1

C. −4

10. 如下图所示的某局部电路,$I_4=$________ A。

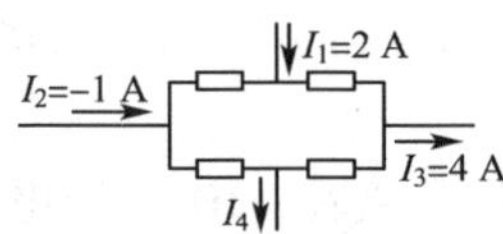

A. −3　　B. 3

C. 5

11. 蓄电池的容量是用________表示。

A. 安培・伏　　B. 焦耳

C. 安培・小时

12. 对于已充好电、容量为 200 Ah 的铅蓄电池,说法正确的是________。

A. 若放电电流为 40 A,则可工作 5 小时

B. 若放电电流为 50 A,则可工作 4 小时

C. 若放电电流为 20 A,则可工作 10 小时

13. 目前船用蓄电池分两大类,它们是________。

A. 铅蓄电池和酸性蓄电池

B. 酸性蓄电池和碱性蓄电池

C. 酸性蓄电池和镉镍蓄电池

14. 用________放电率的安时数表示酸性蓄电池的容量，又称标称容量。
    A. 5 小时　　B. 15 小时
    C. 10 小时
15. 铅蓄电池胶塞上的透气孔需保持畅通，蓄电池室要通风良好并严禁烟火，主要原因是________。
    A. 蓄电池为硬橡胶、塑料外壳，耐火性差
    B. 电解液为易燃物质
    C. 充电过程中产生易燃、易爆气体
16. 铅蓄电池电解液液面降低，补充液时通常应加________。
    A. 稀硫酸　　B. 碱
    C. 纯水
17. 关于铅蓄电池进行过充电的说法，错误的是________。
    A. 蓄电池一周没有使用，必须进行过充电
    B. 蓄电池已放电至极限电压以下，必须进行过充电
    C. 以最大电流放电超过 10 小时，必须进行过充电
18. 单个铅蓄电池在放电状态的电压正常时应保持在________ V；假若电压下降到约________ V 时，即需要重新充电。
    A. 2.1；1.9　　B. 2.0；1.8
    C. 1.2；1.0
19. 当单个铅蓄电池的电压降到________ V 时，应及时充电。
    A. 1.5　　B. 2
    C. 1.7～1.8
20. 铅蓄电池如果充足电，则其电解液比重正常为________。
    A. 1.20 以下　　B. 1.18 左右
    C. 1.28～1.30
21. 状态良好的铅蓄电池充电终了的标志是________。
    A. 电解液的比重达 1.20　　B. 单个电池的电压达 2 V
    C. 电解液中出现了大量的气泡，单个电池的电压达 2.5 V
22. 酸性蓄电池硫酸电解液比重下降到________为极限。
    A. 0.5　　B. 1.0
    C. 1.15
23. 酸性蓄电池中每个小电池充电完毕电压为________ V。
    A. 1.5～2.1　　B. 1.25～2.0
    C. 2.4～2.6

24. 船用酸性蓄电池的电解液在放电过程中比重________;充电过程中,比重________。
    A. 降低;降低　　B. 降低;升高
    C. 升高;降低
25. 根据电解液的浓度来判定蓄电池充放电程度,适用于________。
    A. 酸性蓄电池和碱性蓄电池　　B. 碱性蓄电池
    C. 铅蓄电池

第五节　电气测量仪表的使用

1. 用万用表测量电阻时,不能带电测量主要是因为________。
   A. 会损坏仪表　　B. 测量值偏高
   C. 测量值偏低
2. 用万用表测量电阻时表笔与被测电路应接触良好,双手不得同时接触表笔的金属部分,以防________。
   A. 仪表无读数　　B. 将人体电阻并入测量电路
   C. 仪表被烧坏
3. 测量自感系数或互感应较大的线圈电阻,不能一断电就立即测量是因为________。
   A. 电阻太大　　B. 测量结果不准确
   C. 感应电压会损坏仪表
4. 用万用表测量电压时,如无法估计被测量大小时,应先选用仪表的________测量,然后逐步调到合适量程。
   A. 最小量程　　B. 最大量程
   C. 中间量程
5. 用万用表测量较高电压(如 220 V)或较大电流(如 0.5 A)时不应带电转动开关和旋钮,以免________。
   A. 产生电弧烧坏仪表　　B. 仪表读数不稳定
   C. 对人体不安全
6. 测量________时,应戴绝缘手套且站在绝缘垫上使用高压测试笔进行。
   A. 交流电压　　B. 直流电压
   C. 高电压
7. 用数字式万用表测量二极管时,若显示“000”则表示________。
   A. 此二极管是锗管　　B. 此二极管已被击穿

C. 此二极管是硅管

8. 用万用表检测二极管时应将旋钮调至________。

A. 电压挡　　B. 电流挡

C. 欧姆挡

9. 若二极管测得的正反向电阻都为∞,则表明二极管________。

A. 内部已开路　　B. 内部已短路

C. 锗管

10. 将万用表表笔接至二极管的两端,在阻值测得较大的一次,黑表笔接触的是二极管的________。

A. 正极　　B. 负极

C. 硅管和锗管不同

11. 将万用表表笔接至二极管的两端,在阻值测得较小的一次,黑表笔接触的是二极管的________。

A. 正极　　B. 负极

C. 硅管和锗管不同

12. 用指针式万用表判断三极管基极和三极管的类型时应将万用表欧姆挡置于________处。

A. “$R\times1$”或“$R\times10$”　　B. “$R\times10$”或“$R\times100$”

C. “$R\times100$”或“$R\times1$k”

13. 用万用表测三极管时,把黑表笔接在假设的基极上,将红表笔先后接在其余两个极上,如果两次测得的电阻值都很小(或约为几百欧至几千欧),则假设的基极是________,且被测三极管为________型管。

A. 错误的;PNP　　B. 正确的;NPN

C. 正确的;PNP

14. 用万用表判断 NPN 管集电极 c 和发射极 e 时,把黑表笔接在假设的集电极 c 上,红表笔接到假设的发射极 e 上,并用手捏住 b 和 c 极,读出表头所示的阻值,然后将两表笔反接重测。若第一次测得的阻值比第二次________,说明原假设________。

A. 小;成立　　B. 大;成立

C. 小;不成立

15. 用万用表测 PNP 三极管性能时,将万用表欧姆挡置“$R\times100$”或“$R\times1$k”处,把红表笔接在基极上,将黑表笔先后接在其余两个极上,如果两次测得的电阻值都________,再将黑表笔接在基极上,将红表笔先后接在其余两个极上,如果两次测得的电阻值都________,则说明三极管是好的。

A. 很大;很大　　B. 较小;很大

C. 很大;很小

16. 用万用表测 NPN 三极管性能时,将万用表欧姆挡置“$R\times100$”或“$R\times1\text{k}$”处,把黑表笔接在基极上,将红表笔先后接在其余两个极上,如果两次测得的电阻值都________,再将红表笔接在基极上,将黑表笔先后接在其余两个极上,如果两次测得的电阻值都________,则说明三极管是好的。

A. 很大;很大　　B. 较小;很小

C. 较小;很大

17. 用万用表检测可控硅时,一般应选电阻挡的________挡位。

A. $R\times1\ \Omega$　　B. $R\times10\ \Omega$

C. $R\times100\ \Omega$

18. 在用万用表检测单向可控硅时,用红、黑两表笔分别测任意两引脚间正反向电阻直至找出读数为数十欧姆的一对引脚,此时黑表笔的引脚为________,红表笔的引脚为________。

A. 阴极 K;控制极 G　　B. 阴极 K;阳极 A

C. 控制极 G;阴极 K

19. 在用万用表检测单向可控硅时,黑表笔接阳极 A,红表笔接阴极 K,该可控硅正常时,此时万用表指针应________。

A. 右偏　　B. 左偏

C. 不动

20. 在用万用表检测单向可控硅时,黑表笔接阳极 A,红表笔接阴极 K,如果此时万用表指针发生偏转,则说明________。

A. 该可控硅已被击穿损坏　　B. 性能好坏无法确定

C. 该可控硅性能一般

21. 钳形电流表的优点是________。

A. 准确度高　　B. 一般可以交直流两用

C. 可以不切断电路测电流

22. 使用钳形表时,被测载流导线应放在钳口内的________,以减小误差。

A. 任意位置　　B. 钳口位置

C. 中心位置

23. 用钳形表测量较小电流时,为使结果较准确,在条件允许的情况下,可将被测导线________后再合上钳口进行测量,实际电流值应为________。

A. 沿铁芯多绕几圈;仪表示数

B. 沿铁芯多绕几圈;仪表示数除以导线圈数

C. 放置在铁芯外;仪表示数

24. 有的钳形电流表配有两支表笔，具有测量电压的功能，测量时应正确选择量程，宜从________开始，逐步________量程，直至方便读数为止。

A. 最小量程；增大　　B. 最大量程；减小

C. 中间量程；增大

25. 钳形电流表测量电流时，每次能够测量________电流。

A. 一相　　B. 两相

C. 三相

26. 用交流电压表测电压时，电压表应与被测电路________。

A. 串联　　B. 并联

C. 视被测电路情况而定

27. 用交流电流表测电流时，电流表应与被测电路________。

A. 串联　　B. 并联

C. 视被测电路情况而定

28. 如需扩大量程，交流电流表一般采取________的方法。

A. 串联电阻　　B. 加接电压互感器

C. 加接电流互感器

29. 如需扩大量程，交流电压表一般采取________的方法。

A. 并联电阻　　B. 加接电压互感器

C. 加接电流互感器

30. 使用交流电流表进行交流电流的测量，错误的做法是________。

A. 电流表应与被测电路并联

B. 使用电流表前，需选择其量程与精度

C. 量程的选择应遵循"由大到小，以指针居中或偏右为准"的原则

31. 交流电流表是一个内阻________的电流元件，对外引出的两个接线端子________极性。

A. 很低；有　　B. 很低；没有

C. 很高；有

32. 下图是扩大量程的单相交流电流表测量电路图，经过互感器 T 后的连接片的作用是________。

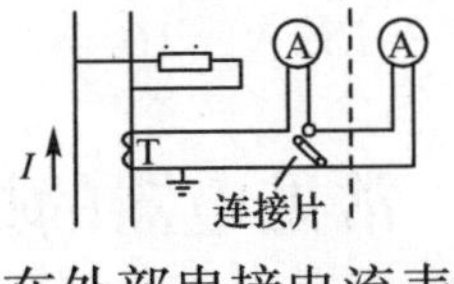

A. 互感器二次侧不允许短路，在外部串接电流表校对时应短接

B. 互感器二次侧不允许开路，在外部串接电流表校对时应断开

C. 互感器二次侧不允许开路,在外部串接电流表校对时应短接

33. 兆欧表又称“摇表”,这“摇”的目的是________。

A. 发电　　B. 放电

C. 调试

34. 兆欧表上有三个接线柱,两个较大的接线柱上分别标有 E、L,另一个较小的接线柱上标有 G。其中,L 接被测设备或线路的______,E 接被测设备或线路的______。

A. 外壳或大地;导体部分　　B. 外壳或大地;屏蔽环

C. 导体部分;外壳或大地

35. 兆欧表上有三个接线柱,两个较大的接线柱上分别标有 E、L,另一个较小的接线柱上标有 G。其中,L 接被测设备或线路的导体部分,E 接被测设备或线路的________,G 接被测对象的________。

A. 外壳或大地;导体部分　　B. 外壳或大地;屏蔽环

C. 屏蔽环;导体部分

36. 兆欧表上有三个接线柱,两个较大的接线柱上分别标有 E、L,另一个较小的接线柱上标有 G。其中,L 接被测设备或线路的________,E 接被测设备或线路的外壳或大地,G 接被测对象的________。

A. 外壳或大地;导体部分　　B. 导体部分;屏蔽环

C. 导体部分;外壳或大地

37. 使用兆欧表测量前,要先________被测设备或线路的电源,并将其导电部分________。

A. 接通;对地放电　　B. 断开;充电

C. 断开;对地放电

参考答案

第一节　船舶电力系统概述

1. A　2. B　3. C　4. C　5. A　6. C　7. B　8. B　9. A　10. A
11. C　12. B　13. A　14. C　15. A　16. B　17. A　18. A　19. A

第二节　常见电器的拆装和更换

1. A　2. B　3. C　4. B　5. C　6. C　7. C　8. B　9. C　10. B

11. A　12. C　13. B　14. A　15. A　16. C　17. C　18. B　19. A　20. C
21. B　22. B　23. A　24. B　25. C　26. B　27. B　28. B　29. B　30. C
31. A　32. A　33. C　34. B　35. B　36. A　37. C　38. B　39. B　40. B
41. C　42. A　43. A　44. B　45. B　46. B　47. B　48. B　49. B　50. A
51. C　52. B　53. C　54. B　55. C　56. B　57. B　58. C　59. C　60. B
61. A　62. C　63. B　64. C　65. C　66. C　67. A　68. B　69. C　70. C
71. B　72. B　73. B　74. C

第三节　船舶电力系统的绝缘检测

1. B　2. C　3. A　4. C　5. B　6. A　7. A　8. A　9. C　10. A
11. A　12. A　13. B　14. B　15. C　16. A　17. A　18. A　19. C　20. B
21. A　22. A　23. B　24. B　25. B　26. C　27. B　28. B　29. B　30. A
31. C　32. A

第四节　船上直流系统

1. C　2. C　3. A　4. B　5. C　6. B　7. C　8. A　9. C　10. A
11. C　12. C　13. B　14. C　15. C　16. C　17. A　18. B　19. C　20. C
21. C　22. C　23. C　24. B　25. C

第五节　电气测量仪表的使用

1. A　2. B　3. C　4. B　5. A　6. C　7. B　8. C　9. A　10. B
11. A　12. C　13. B　14. A　15. B　16. C　17. A　18. C　19. C　20. A
21. C　22. C　23. B　24. B　25. A　26. B　27. A　28. C　29. B　30. A
31. B　32. C　33. A　34. C　35. B　36. B　37. C

第四章 船上电气系统和机械的维护和修理

第一节 船舶电力系统主要图纸

1. 如下图所示,电路中元件对应的功能,正确的是________。

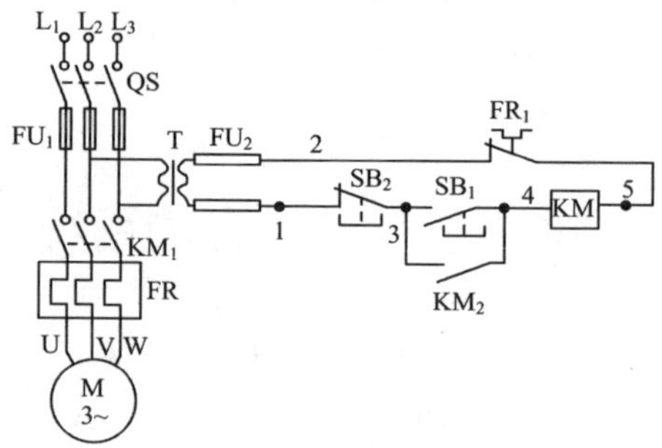

A. QS 具有缺相保护作用,FR 和 FR_1 具有短路保护作用,FU_1 和 FU_2 具有过载保护作用

B. FR 和 FR_1 具有过载保护作用,FU_1 和 FU_2 具有短路保护作用,KM 具有欠压保护作用

C. 常开触点 KM_2 具有电气互锁作用

2. 下图所示为三相异步电动机磁力起动器控制电路,若将 KM 常开辅助触点改接成常闭辅助触点,则当合上 QS 三相电源开关后,________。

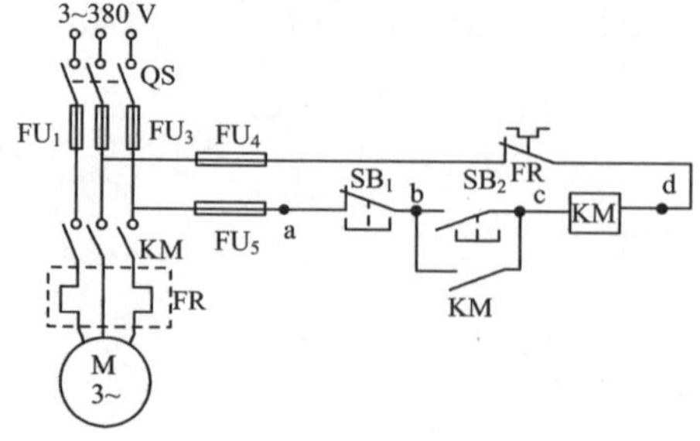

A. 电动机立即起动运转

B. 热继电器动作，电机停转

C. 接触器 KM 衔铁反复接通、断开，可能使接触器损坏

3. 下图所示为两台电动机起停控制线路，该线路可实现________。

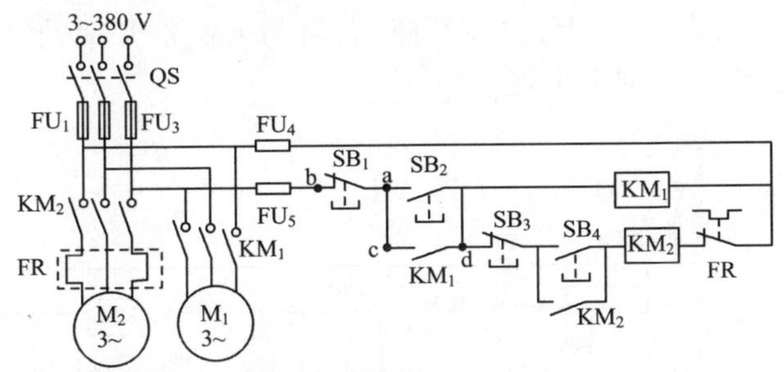

A. 顺序起动，只有 M_1起动后，M_2才能起动

B. 顺序起动，只有 M_2起动后，M_1才能起动

C. 顺序停止，只有 M_1停止后，M_2才能停止

4. 下图所示的两台电动机的起停控制线路，如果接线时将 KM_1 常开辅助触点换成 KM_1 常闭辅助触点，合上 QS 后，则会出现________。

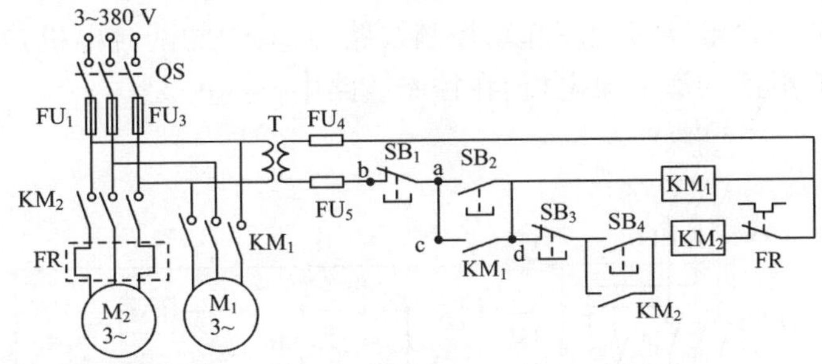

A. 顺序起动，只有 M_1起动后，M_2方能起动

B. M_1起动后，M_2只能点动

C. KM_1接触器衔铁反复吸合、释放，M_1不能转动，因而不能实现顺序起动

5. 下图所示的两台电动机的起停控制线路，若将 FR 常闭触点改为与 KM_1线圈支路串联，则会出现________。

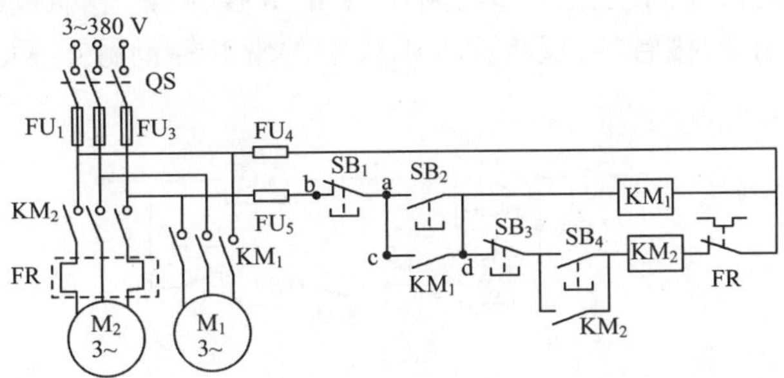

A. 电动机 M_1不能正常起动

B. M_1能正常起动,若 M_2过载,会导致 M_1、M_2均停车

C. 电动机 M_2不能正常起动

6. 下图所示的两台电动机起停控制线路,若将与 KM_1常开辅助触点相连的 a 点改接至 b 点,合 QS 后,则会出现________。

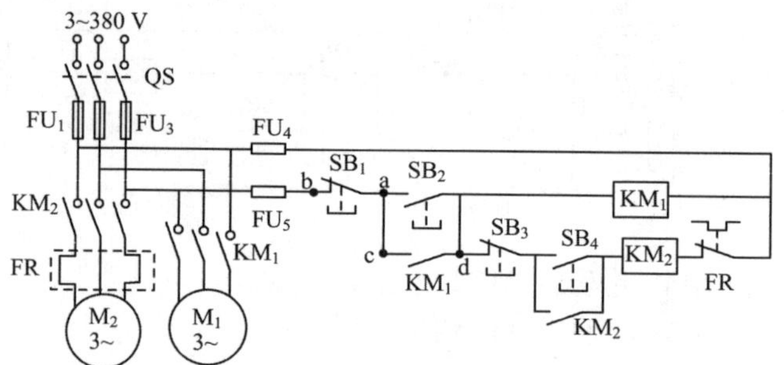

A. 能实现 M_1先、M_2后的顺序起动要求

B. M_1立即起动

C. 能实现顺序起动,但按下 SB_1、SB_3后,M_1不停,M_2可以停

7. 下图所示的两台电动机顺序起动控制线路,若其中的两台电机是主轴电机和给主轴提供润滑油的滑油泵电机,在控制线路中—KM_1—是________。

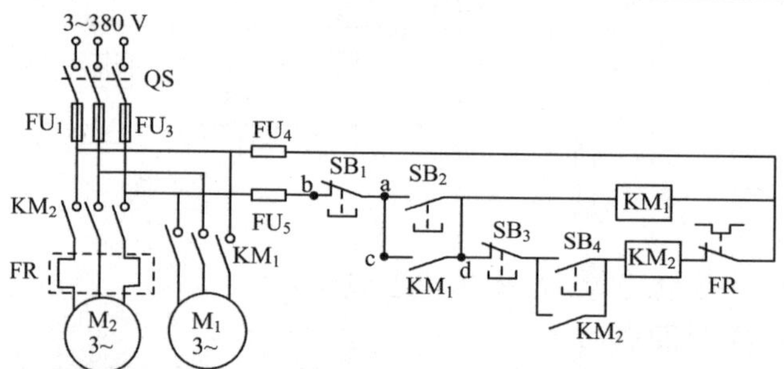

A. 主轴电机的接触器线圈

B. 主轴电机接触器的衔铁

C. 滑油泵电机的接触器线圈

8. 下图所示电动机控制线路局部电路中,KM_1为控制 M_1电动机的接触器,KM_2为控制电动机 M_2的接触器,现将连 KM_2线圈的常开辅助触点 KM_1改为常闭,则会出现________。

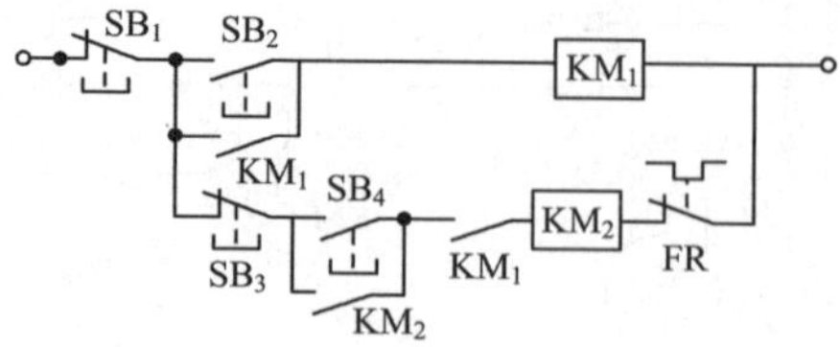

A. 只有按下 SB_2，KM_1线圈有电，M_1起动后，才能再起动 M_2

B. 当按下 SB_2后 KM_1线圈有电，M_1起动，但按下 SB_4后，KM_2线圈不会有电，M_2不能起动

C. 只有按下 SB_4，KM_2线圈有电，M_2起动后才能再起动 M_1

9. 主电路标号由文字符号和数字组成。文字符号用以标明主电路中的元件或线路的主要特征，数字标号用以区别电路不同线段。三相交流电源引入线采用________标号，电源开关之后的三相交流电源主电路分别标________。

A. A、B、C；L_1、L_2、L_3　　B. L_1、L_2、L_3；A、B、C

C. L_1、L_2、L_3；U、V、W

10. 电路编号法特别适用于多分支电路。如采用横坐标标注法，线路各电器元件均按横向画法排列；各电器元件线圈的右侧，由上到下标明各支路的序号，下图中箭头所指的 2 表示________。

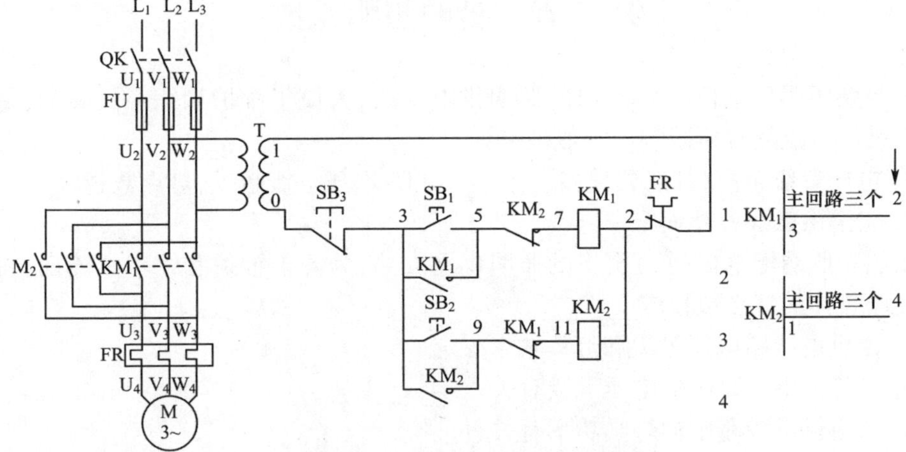

A. 接触器 KM_1有一对常闭触头在控制回路 2 支路中

B. 接触器 KM_1有两对常闭触头在控制回路 1 支路中

C. 接触器 KM_1有一对常开触头在控制回路 2 支路中

11. 电路编号法特别适用于多分支电路。如采用横坐标标注法，线路各电器元件均按横向画法排列；各电器元件线圈的右侧，由上到下标明各支路的序号，下图中箭头所指的 3 表示________。

A. 接触器 KM_1有一对常开触头在控制回路 2 支路中

B. 接触器 KM_1有两对常开触头在控制回路 2 支路中

C. 接触器 KM_1有一对常闭触头在控制回路 3 支路中

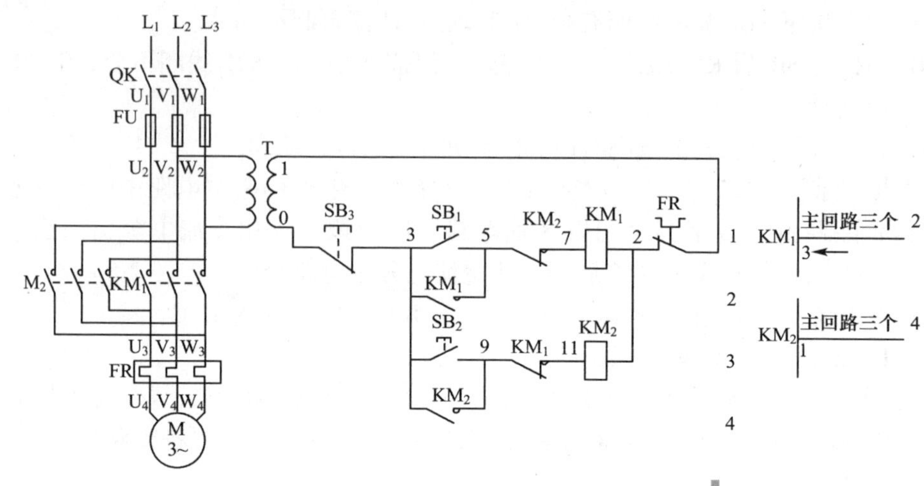

第二节　船舶照明系统

1. 由船舶照明配电板(箱)引出的照明供电支路,为便于维护和缩小故障面,每一支路的灯点数有所限制。一般说来,________。
   A. 电压等级越高,灯点数越多　　B. 电压等级越低,灯点数越多
   C. 完全由敷线方便而定
2. 由船舶照明配电板(箱)引出的照明供电支路,为便于维护和缩小故障面,每一支路具体的灯点数目应________。
   A. 由供电线路电压等级和灯具功率决定
   B. 只与供电线路中的电压等级有关
   C. 只与供电线路中的灯具功率有关
3. 对于易燃、易爆的船舶舱室,其室内的照明器控制开关应安装在________。
   A. 室内　　B. 室外
   C. 驾驶台
4. 对工作面提供适当照度、创造良好的视觉环境是船舶________照明系统的基本特点。
   A. 各类　　B. 正常
   C. 航行灯以外的所有
5. 从照明分电箱引出的每一独立照明分支线路的最大负荷电流________,灯点数________。
   A. 无限制;有限制　　B. 有限制;无限制
   C. 有限制;有限制

6. 绝大多数正常照明器的供电线路,从照明分电箱引出的每一独立分支线路的________。
   A. 电流为 10~15 A　　B. 灯点数不限
   C. 低电压的灯点数多
7. 船舶蓄电池房间的灯具要求为________。
   A. 防爆型　　B. 防水型
   C. 保护型
8. 船舶照明器一般由分配电板(箱)引出单相支路供电。人行通道、梯道出入口、机炉舱、舵机舱等处的主照明,供电方式是________。
   A. 至少分两个独立的支路供电
   B. 一个支路供电即可,但灯点数不得超标准
   C. 一个支路供电即可,但总功率不得超有关规定
9. 船舶照明器一般由分配电板(箱)引出单相支路供电。为消除机炉舱内的日光灯"闪烁效应",舱内各灯点供电方式是________。
   A. 由蓄电池供电
   B. 不同灯点使用同一个供电支路
   C. 灯点分组使用不同的供电支路,不同供电支路由不同相引出
10. 对船舶应急照明系统,下列叙述不正确的是________。
   A. 由蓄电池供电的小应急照明器在结构上应与一般照明器不同
   B. 小应急照明只允许使用 25 W 白炽灯
   C. 应急照明的电源线路和分支线路都不允许装设开关
11. 船舶照明电网为三相绝缘系统,照明电压是通过三相变压器变压获得,那么三相变压器的副边应接成________。
   A. 星形　　B. 三角形
   C. 星形带中线
12. 船舶照明器一般由分配电箱引出单相支路供电,在船舶每一防火区的照明至少要有________支路供电。其中________为应急照明线路。
   A. 三路;两路　　B. 两路;一路
   C. 两路;两路
13. 一般来说,造成船舶电网绝缘下降主要是________。
   A. 电压电网　　B. 照明电网
   C. 动力电网
14. 三相绝缘线制船舶中,照明负载相当于________。
   A. Y 形接法的三相对称负载　　B. △形接法的三相对称负载

C. △形接法的三相不对称负载

15. 船舶照明系统按重要性等级形成三种基本系统,即________。它们既相互区别又相互联系,形成有机整体,按重要性的程度各自与不同的配电板连接。

A. 正常照明、应急照明和航行信号灯　　B. 舱室照明、甲板照明和应急照明

C. 生活舱照明、机器舱室照明和货舱照明

16. 船舶信号灯及航行灯光源通常采用________。

A. 白炽灯、高压汞灯等　　B. 白炽灯、荧光灯

C. 白炽灯

17. 以下的电光源中,________为非热辐射型光源。

A. 白炽灯　　B. 碘钨灯

C. 汞氙灯

18. 航行灯________必须使用白炽灯,信号灯________必须使用白炽灯。

A. 要求;不要求　　B. 不要求;要求

C. 要求;要求

19. 目前,我国远洋运输船舶的航行灯包括________。

A. 左、右舷灯,闪光灯,尾灯,探照灯

B. 左、右舷灯,前后桅灯,尾灯

C. 左、右舷灯,前后桅灯,尾灯,探照灯,闪光灯

20. 船舶前后桅灯的颜色是________。

A. 均为绿色　　B. 前红后绿

C. 均为白色

21. 船舶信号灯及航行灯光源采用________。

A. 白炽灯　　B. 白炽灯、高压汞灯等

C. 碘钨灯、荧光灯、白炽灯

22. 船舶甲板照明器应使用________防护型的照明器。

A. 防水型　　B. 保护型

C. 兼防爆和防水型

23. 船用照明器,按其发光原理分有________两大类型。

A. 气体放电型和弧光放电型　　B. 卤钨循环型和气体放电型

C. 热辐射型和气体放电型

24. 室外照明线路最容易遭受潮湿,造成绝缘能力下降,应当重点检查________。

A. 插座、插头、灯头内部的接触部分和电缆线路引出线头部分

B. 插头内部的接触部分

C. 灯头内部的接触部分

25. 室外接线盒容易遭受潮湿，造成绝缘下降，有关接线盒安全防护全面的是________。
    A. 接线盒上电缆引入口橡胶垫圈压紧，接线盒四周的螺丝一定旋紧，并且都用橡皮泥封堵
    B. 接线盒的橡胶垫圈垫平，四周的螺丝一定旋紧
    C. 接线盒上电缆引入口处的橡胶垫圈一定压紧，不留有空隙
26. 船舶照明系统绝缘应当使用________来检查。
    A. 钳形表　　B. 电压表
    C. 兆欧表
27. 船舶照明系统正常绝缘值应当是________。
    A. 大于 0.5 兆欧　　B. 大于 1 兆欧
    C. 等于 2 兆欧
28. 船舶多采用三相三线制中性点绝缘的供电系统，用变压器产生 220 V 照明电压，其原因是________。
    A. 照明系统极易出现绝缘低
    B. 动力系统极易出现绝缘低
    C. 24 V 系统极易出现绝缘低
29. 船舶主配电板 220 V 供电系统出现绝缘低，确定绝缘低故障点的正确方法是________。
    A. 逐一检查各灯具的绝缘情况
    B. 首先逐一断开各路 220 V 供电开关
    C. 首先逐一断开不影响航行的 220 V 供电开关
30. 船舶主配电板 220 V 供电系统出现绝缘低时，绝缘低故障点的重点怀疑对象是________。
    A. 室外照明　　B. 公共舱室照明
    C. 机舱照明
31. 船舶在检修某些特殊部位，需用临时照明时，应使用的电压为________以下的低压行灯。
    A. 12 V　　B. 50 V
    C. 36 V
32. 在船舶照明系统中，________是指照明线路的绝缘值电阻小于 0.5 MΩ 或等于零，其原因一般是电缆线老化破损碰地或灯头接线处线路碰壳，特别是甲板照明线，经常受到海水和盐雾的侵蚀，更容易发生。
    A. 短路故障　　B. 接地故障

C. 断路故障

33. 船舶照明系统接地故障表现为照明线路的绝缘值电阻小于 0.5 MΩ 或等于零，常采用________进行检查。方法是将故障线路分为前、后两段，测量各自的绝缘值电阻，找出有接地故障的那一段，逐步进行，把故障点的范围逐渐缩小。

A. 挑担灯法　　B. 对分法

C. 通电法

34. 照明分电箱中支路熔断器是否故障熔断，常用“试灯”的“亮/暗”检查，例如，要检查熔断器 FU_2，图________是正确快捷的方法。

A. 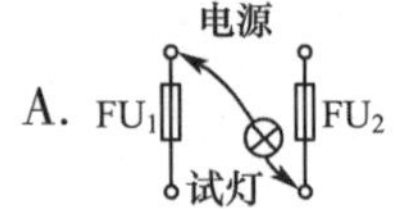

B. 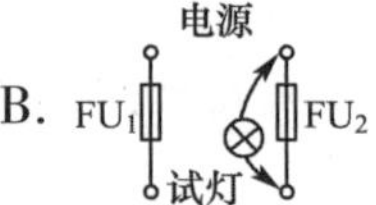

C. 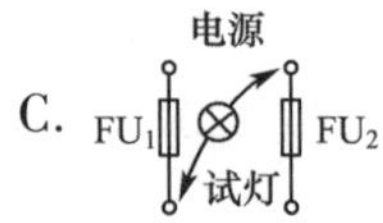

35. 打开日光灯，日光灯点亮能工作，但发现其镇流器有噪声，且声音较大，分析其原因，可能是________。

A. 启辉器已损坏

B. 电源电压太低

C. 镇流器质量不佳

36. 关于断路、短路故障排查方法中错误的是________。

A. 断路故障可以有通电和断电两种方法

B. 断路故障通电排查法是用电压表或测量(试)灯法进行

C. 短路故障可以有通电和断电两种方法

37. 船舶照明系统的________是线路受潮或受损造成的，其现象是一通电，空气开关就跳开或熔断丝烧断。

A. 短路故障　　B. 断路故障

C. 灯具故障

38. 某船舶的照明电网为三相绝缘线制，为检查照明分配电箱的管式熔断器是否熔断，下列方法可行的是________。

A. 供电开关接通时利用一额定电压与电网线电压相同的试灯灯头查验

B. 供电开关接通时利用万用表欧姆挡检查

C. 供电开关打开时利用万用表电压挡检查

39. 如下图所示照明线路，当开关 S 分别打开和闭合时，电压表的读数分别是________。

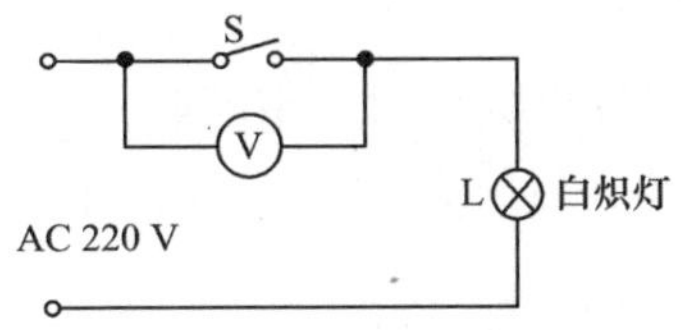

A. 220 V、0 V　　B. 220 V、220 V

C. 0 V、220 V

40. 船舶照明系统如发现短路故障,下列检查方法不正确是________。

A. 如照明分配电箱中熔断器烧断,可用万用表一表棒短接熔断器带电检查

B. 如照明分配电箱中熔断器烧断,可用较大功率灯泡跨接熔断器两端,依次打开每路负载开关,发现灯泡变暗就是这个开关控制的照明器有短路故障

C. 如照明分配电箱中熔断器烧断,先切断电源,用万用表 $R\times1$ 挡测量线路两端,然后依次合上各负载开关,如发现电阻为零,就是此开关控制的照明线路

41. 船舶照明系统发现绝缘不好,不正确的排除思路和方法是________。

A. 灯头电缆引出线头老化绝缘破裂造成碰壳

B. 可用万用表的 $R\times10\text{k}$ 挡判断绝缘的好坏

C. 甲板照明线路易受海水和盐雾的浸袭,发现受潮应进行烘潮去湿恢复绝缘

第三节　日光灯的基本原理和维护

1. 下列关于日光灯及照明线路的叙述,错误的是________。

A. 采用电子镇流器后,不需要起动器辅助点燃

B. 频繁点燃,会使阴极物质消耗快,减少其使用寿命

C. 日光灯机理属于热辐射光源

2. 下列关于日光灯及照明线路的叙述,错误的是________。

A. 采用电子镇流器后,仍需要起动器辅助点燃

B. 频繁点燃,会使阴极物质消耗快,减少其使用寿命

C. 日光灯属于低压汞蒸气放电光源

3. 日光灯与白炽灯比较,说法正确的是________。

A. 日光灯是气体放电光源,光效低;白炽灯是热辐射光源,光效高

B. 日光灯是气体放电光源,光效高;白炽灯是热辐射光源,光效低

C. 日光灯是热辐射光源,光效高;白炽灯是气体放电光源,光效高

4. 起动后需用镇流器限流,为提高瞬间起动电压,还需使用启辉器的是________。

A. 普通白炽灯　　B. 卤钨灯

C. 荧光灯

5. 目前几乎所有船舶舱室内的主照明采用的是________。

A. 普通白炽灯　　B. 卤钨灯

C. 荧光灯

6. 下列灯具中,电光源属于气体放电工作原理的是________。

A. 日光灯　　B. 白炽灯

C. 碘钨灯

7. 机舱照明日光灯通常是分配在三相供电支路中,三相灯点交错分布,其优点是________。

A. 三相功率平衡,照明可靠,消除闪烁效应

B. 照明可靠,消除闪烁效应

C. 三相功率平衡,照明可靠

8. 日光灯管正常工作,必须配套齐全的附件有________。

A. 电子整流器　　B. 启辉器

C. 铁芯线圈整流器

9. 下图为日光灯照明原理图,正确接线为________。

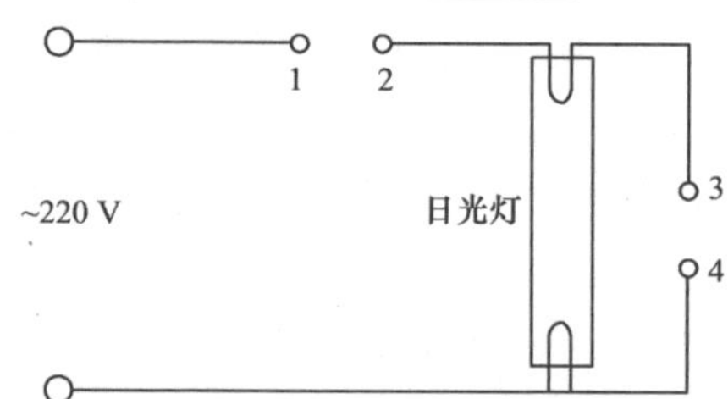

A. 1~2 间接铁芯线圈整流器,3~4 间接启辉器

B. 1~2 间接铁芯线圈整流器,3~4 间接电容器

C. 1~2 间接电子整流器,3~4 间接启辉器

第四节　熔断器

1. 为了防止三相异步电动机起动时电流较大而将熔丝烧断,为对单台直接起动的电动机实现短路保护,在起动不频繁的情况下,主电路的熔丝额定电流应按电动机的________来选择。

A. 额定电流　　B. 起动电流

C. 额定电流 1.5~2.5 倍

2. 有填料封闭管式熔断器,熔断管内有石英砂作填料,有关填料的作用下列叙述

错误是________。

A. 防止熔体烧断时产生爆炸　　B. 帮助熔体散热

C. 提高熔断器的限流能力和分断能力

3. 船用熔断器是由________组成的。

A. 熔断管、熔断体

B. 熔断管、熔断体、填料、金属导电部件

C. 熔断管、熔断体、填料

4. 关于船用熔断器,下列叙述错误的是________。

A. 船用熔断器是串接在被保护的电路中

B. 通过船用熔断器的故障电流越大,熔断时间越长,这就是所谓的“反时限保护特性”

C. 船用熔断器是一种通过它的电流超过规定值,以本身产生热量使熔体熔化而分断电路的电器

5. 关于船用熔断器熔体额定电流选择,下列叙述错误的是________。

A. 对于平稳负载,熔断器熔体额定电流可选择等于或稍大于负载的额定工作电流

B. 对于单台电动机负载,熔断器熔体额定电流可选择等于 3 倍电动机额定电流值

C. 对于单台电动机频繁起动负载,熔断器熔体额定电流可选择:电动机起动电流/(1.5~2.5)

6. 通常,如果线路上的保险丝烧断,应当先切断电源,查明原因和排除故障,然后换上新的________。

A. 粗一些的保险丝　　B. 细一些的保险丝

C. 一样规格的保险丝

7. 熔断器一般只能作电动机的________保护。

A. 失压　　B. 缺相

C. 短路

8. 熔断器熔丝因短路熔断造成的现象描述错误的是________。

A. 熔管或熔座有熏灼痕迹

B. 熔断器熔丝因短路熔断,熔管或熔座无任何烟熏痕迹,仅发现熔丝中间烧断

C. 关于无填料管式熔断器熔管的管壁,不仅有大量烟熏痕迹,而且常常有大量的金属颗粒附着

9. 船用熔断器更换的注意事项,下列叙述错误的是________。

A. 熔断器的额定电压要适应被保护线路电压等级

B. 线路中有各级熔断器，熔断器的电流要相应配套，越靠近电源熔体，电流越大，保证各级熔断器的选择性

C. 船用熔断器更换时，只要熔体电流额定值相同即可，熔体的材质可不同

10. 船用熔断器更换时，下列叙述错误的是________。

A. 更换新熔体时，应当选用与原来熔体型号相同、额定值相同的熔体

B. 只要考虑熔体额定电流值相同即可

C. 更换新熔体时，要检测熔断管内烧伤情况，如有严重烧伤，磁熔管也要更换

11. 船用熔断器更换时，下列叙述错误的是________。

A. 船用熔断器更换时，如果是短路引起的，可发现熔管或熔座有严重的烟熏痕迹并有大量的金属颗粒附着

B. 对是短路引起的熔体烧断，一定要先查出原因才能更换熔体

C. 对于因环境温度高会引起熔断器误断，可以选用加大的电流熔体来替代

第五节　机舱集中控制警报系统

1. 在报警系统中，有报警信号且按了确认按钮后，报警指示灯和蜂鸣器状态是________。

A. 报警灯平光，蜂鸣器消声　　B. 报警灯平光，蜂鸣器响

C. 报警灯灭，蜂鸣器响

2. 在监视液位时，为避免因船舶摇摆而出现的误报警，通常采用________。

A. 报警延时　　B. 报警封锁

C. 报警延伸

3. 在具有集中监视与报警系统的机舱中，一旦运行设备出现故障，不仅可在机舱、集中控制室发出声、光报警，该报警信号还能延伸到________。

A. 货舱　　B. 前尖舱

C. 驾驶台

4. 在通常故障报警的情况下，红色指示灯的亮灭规律是________。

A. 无故障灭，有故障慢闪，按确认按钮快闪，故障消除灭

B. 无故障灭，有故障快闪，按确认按钮慢闪，故障消除灭

C. 无故障灭，有故障快闪，按确认按钮常亮，故障消除灭

5. 在短时故障报警情况下，红色指示灯的亮灭规律是________。

A. 无故障常亮，有故障快闪，故障消失慢闪，按确认按钮常亮

B. 无故障灭，有故障快闪，按确认按钮慢闪，故障消除灭

C. 无故障灭，有故障快闪，故障消失慢闪，按确认按钮灭

6. 船舶集中监视报警系统主要处理的是两位信号，可用各种不同的电路器件实现，现有船舶报警系统概括地可分为________两大类型。
   A. 有触点型和无触点型
   B. 半导体分立元件型和集成电路型
   C. 继电-接触器型和微处理器型
7. 船舶巡回检测报警系统与连续监视报警相比，有________的优点。
   A. 重要参数优先检测　　B. 逐点巡回检测
   C. 所用检测器件少而检测点数多
8. 机舱检测报警系统的报警指示灯屏上，每一指示灯有闪亮、平光（常亮）、熄灭三种状态，分别表示该被检测点________。
   A. 故障报警、故障记忆、故障消失或正常
   B. 故障存在、无故障、恢复正常
   C. 故障报警、无故障、故障消失
9. 船舶机舱集中检测报警系统，按其集中监视工作过程有________两种类型报警系统。
   A. 有触点和无触点器件构成的
   B. 连续集中检测报警系统和巡回检测报警系统
   C. 继电接触器和电子器件构成的
10. 有关机舱中需要检测报警，下列选项中________不是模拟量。
   A. 温度　　B. 检测锅炉液位高低的浮子触点
   C. 压力
11. 船舶机舱集中检测报警系统采用延迟报警的原因是________。
   A. 考虑到虚假报警及暂时故障的可能
   B. 考虑到多个报警信号同时到来、分时响应的需求
   C. 考虑到传感器故障

第六节　船舶火警监控系统的基本原理

1. 当船舶火警系统报警后，火警灯应________并发出声响报警；按下消声按钮后，火警灯________。
   A. 闪亮；熄灭　　B. 常亮；熄灭
   C. 闪亮；常亮
2. 消防报警系统和机舱组合式报警系统，二者________。
   A. 使用同一个报警音响设备　　B. 使用同一种类报警音响设备

C. 分别使用不同种类报警音响设备

3. 关于火警系统的描述,错误的是________。

A. 只有在火警或故障已经消除后才能人工复位

B. 火警发生时,发出的声、光信号与故障声、光信号相同,是连续警铃和红色闪光信号

C. 主、副电源可自动切换,保持不间断供电

4. 可燃气体探测系统主要检测舱室内的易燃气体是否达到危险浓度,并及时报警,一般安装于________。

A. 消防船、油船、集装箱船　　B. 滚装船、渡船、消防船和油船等

C. 渡船、消防船、集装箱船

5. 在火灾自动报警系统中防火控制设备,主要包括________。

A. 温度探测器、烟雾探测器、自动停止风机

B. 自动停止风机、防火门电磁铁、自动灭火器等

C. 烟雾探测器、自动停止风机

6. 在火灾自动报警系统中采用不同类型报警器,下列________是错误的。

A. 报警灯　　B. 报警电话

C. 报警铃

7. 根据安装区域和采用探测介质的不同,有关船用火灾自动报警系统的正确分类是________。

A. 可燃气体探测系统、可燃液体探测系统、舱室火灾自动报警系统

B. 干货舱火灾自动报警系统、可燃气体探测系统、轮机舱火灾自动报警系统

C. 舱室火灾自动报警系统、干货舱火灾自动报警系统、可燃气体探测系统

8. 有关舱室火灾自动报警系统主机,下列说法错误的是________。

A. 主机一般安装在驾驶台或消防控制站内

B. 主机负责主电、备电的自动切换,备用电源的充电功能

C. 主机仅仅负责当火灾发生时能自动发出声、光报警

9. 在温升式火警探测器中,一般________时发出报警信号。

A. 每分钟升高 4 ℃　　B. 每分钟升高 5.5 ℃

C. 每分钟升高 10 ℃

10. 离子感烟式火警探测器的基本工作原理是________。

A. 烟雾浓度不同,透光程度不同

B. 烟雾浓度不同,烟雾颗粒吸收 α 射线数量不同

C. 烟雾浓度不同,烟雾颗粒吸收被电离的空气离子数量不同

11. 关于感温式火警探测器的描述,错误的是________。

A. 感温式火警探测器主要用于外室、走廊和大舱的火情探测
B. 感温式火警探测器分为定温式和温升式两种
C. 温升式火警探测器是根据监测点的温度升高变化率是否达警戒值发出报警的

12. 差温式(或温升式)火警探测器,是根据________超过限定值时发出火警信号。
A. 温升　　B. 温度
C. 温升率

13. 差温式(温升式)火警探测器是在________大于给定值的情况下发出火警信号。
A. 烟气浓度变化量　　B. 烟气浓度
C. 温度升高率

14. 以下火警探测器中,机理上属于光电效应式探测法的是________火警探测器。
A. 定温式　　B. 离子式
C. 感烟管式

15. 以下火警探测器中,机理上采用波纹片(膜、板)感受因温度变化造成检测室气压变化的是________火警探测器。
A. 离子式　　B. 差温式
C. 感烟管式

16. 火警探测器中,机理上采用温度膨胀系数不同双金属片的是________火警探测器。
A. 定温式　　B. 离子式
C. 感烟管式

17. 利用火灾前兆的热效应,当温度超过限定值时发出火警信号,称为________火警探测器。
A. 感烟式　　B. 差温式
C. 定温式

18. 利用火灾前期空气急剧热膨胀推动弹性金属波纹膜片接通触点而发出火警信号的是一种________式火警探测器。
A. 定温　　B. 感温
C. 差温

19. 利用烟气粒子吸附被放射线电离的导电离子的多少检测________的火警探测器称为离子________式火警探测器。
A. 烟气辐射温度;感温　　B. 火焰光谱;感光
C. 烟气浓度;感烟

20. 根据自动探测器或手动按钮从监护现场发来的火灾信号，火警报警系统发出与其他任何报警音响或信号铃声不同的________和________报警信号。
    A. 间断铃声；红闪光　　B. 蜂鸣器声；黄光
    C. 连续铃声；蓝光
21. 在船上各个通道、走廊等随处可见的红色玻璃消防报警按钮，在未打碎玻璃前，这些按钮触点状态是________。
    A. 并联断开　　B. 并联闭合
    C. 串联断开
22. 一种火警探测器利用火灾前兆的热效应，当温度超过限定值时发出火警信号，这种火警探测器称为________火警探测器。
    A. 差温式　　B. 感烟式
    C. 定温式
23. 船舶火警报警系统的中央单元（消防报警监视装置）一般设在________。
    A. 机舱　　B. 船长室
    C. 驾驶室
24. 全船有很多条火警探测器分路，每一分路都有一个探测器其内装有终端电阻，该探测器应安装在每一回路的________位置。
    A. 中间　　B. 终端
    C. 任意
25. 火灾发展迅速、有强烈的火焰辐射和少量烟和热，应当选择________。
    A. 感烟式火警探测器　　B. 感温式火警探测器
    C. 火焰式火警探测器
26. 温度在 0 ℃以下的场所发生火灾，不宜选用________。
    A. 感烟式火警探测器和火焰式火警探测器
    B. 定温式火警探测器
    C. 火焰探测器
27. 有关火灾探测器出现误报警的原因分析，下列说法错误的是________。
    A. 若某区域报警，而该区域没有火情，应当考虑火灾探测器自身的问题，更换一下
    B. 任何产品都有生命周期，火灾探测器一般为 10 年，超过 10 年，系统元件老化会带来误报警
    C. 对于频繁误报的火灾探测器，经检测无其他干扰因素影响，可把此探测器关闭
28. 有关火灾探测器的系统维护，下列说法错误的是________。
    A. 环境因素对火灾探测器工作影响很大，要设法排除蒸汽、粉尘、机械振动等

干扰因素，保证火灾探测器正常工作

B. 每年对所有火灾探测器以及火灾报警按钮进行一次试验，保证每个均为正常

C. 在一个确认已损坏需更换的火灾探测器上，可以在原来感烟式火警探测器的底座上换上感温式火警探测器

29. 船舶干货舱自动探火和报警系统多采用烟气管道________火警探测器。

A. 感光式　　B. 感烟管式

C. 感温式

30. 船舶干货舱自动探火和报警系统多采用烟气管道________式火警探测器。

A. 离子感光　　B. 感光

C. 光电感烟

31. 对于滚装船、液化气船、消防船以及货船上某些舱室的可燃气体探测器的探头，应放置在有集聚可燃气体危险处所的空间________，可使________的可燃气体扩散进入探头。

A. 底部；较重　　B. 顶部；雾化

C. 任意部位；扩散

32. 货舱自动探火及报警系统由________组成。

A. 主机、抽风机、温度探测器、火灾显示报警设备、火灾舱位显示仪

B. 主机、遥控显示器、探测报警回路、防火设备回路、电源回路

C. 抽风机、抽风管路、烟雾探测器、火灾显示报警设备、火灾舱位显示仪

33. 关于货舱自动探火及报警系统的维护内容，说法错误的是________。

A. 保证抽风机的正常运转　　B. 保证抽风管道的畅通

C. 保证温度探测器的准确检测

第七节　电气防爆知识

1. 油船上，在正常或故障情况下，都不能引燃可爆炸性气体的，称为________的电器和电路。

A. 保护接地型　　B. 保护接零型

C. 本质安全型

2. 在有引起爆炸或可能引起爆炸的区域和处所，为避免产生火花，对安装的插座要求是________。

A. 只有当开关合上电源时，插头才能插入

B. 只有当开关断开电源时，插头才能拔出

C. 只有当开关合上电源时,插头才能拔出

3. 为适应船舶的倾斜、摇摆的条件,减少电动机故障和延长其使用寿命,电机装置在船舶上的安装方式一般采用________安装。

A. 全部直立　　B. 全部首尾向卧式

C. 直立或首尾向卧式

4. 称为________的电路或电气设备,在正常或故障状态下所产生的电火花都不足以点燃周围环境可燃气体混合物。

A. 本质安全型　　B. 封闭安全型

C. 静电屏蔽型

5. 用于监视、测量油舱中油温、油位、氧气浓度等参数的电路或电气设备为________。

A. 本质安全型　　B. 隔爆型

C. 封闭安全型

6. 油船危险区原则上不允许安装电气设备,若必须安装,应使用________。

A. 本质安全型　　B. 接地保护型

C. 防护型

7. 监视和检测货油舱油位的电路,应采用________电路。

A. 本质安全型　　B. 小功率型

C. 接地保护型

第八节　电气或控制系统的维护和修理

1. 关于锅炉点火前的预扫风,下列说法不正确的是________。

A. 预扫风的作用是将炉内积存的油气彻底吹净

B. 第一次点火失败后,第二次点火前就不需进行预扫风

C. 第一次点火失败后,第二次点火前仍需进行预扫风

2. 船用辅锅炉的手动操作步骤应为________。

A. 点火前准备工作—点火升汽—运行中管理

B. 点火前准备工作—点火升汽

C. 点火前准备工作—运行中管理—点火升汽

3. 在锅炉电极式双位水位控制系统中,在________情况下,给水泵电机保持运转向锅炉供水。

A. 水位在上限水位　　B. 水位上升至上、下限水位之间

C. 只要水位在中间水位

4. 在锅炉电极式双位水位控制系统中,给水泵电机起动时刻为________。
   A. 水位在上限水位　　B. 水位下降到中间水位
   C. 水位下降到下限水位
5. 在锅炉电极式双位水位控制系统中,若给水泵马达起动频繁,则原因可能是________。
   A. 高、低水位电极高度差太小
   B. 低水位与危险水位电极的高度差太大
   C. 高、低水位电极高度差太大
6. 船用辅锅炉最低水位与最高水位之差应为________。
   A. 20~30 mm　　B. 70~100 mm
   C. 60~120 mm
7. 船用辅锅炉水位达到上限后,给水泵________。
   A. 停止供水　　B. 继续供水
   C. 减小流量继续供水
8. 船用辅锅炉水位的自动控制中,常用电极棒式水位调节器,它可控制锅炉水位________。
   A. 在正常水位
   B. 在高、低水位报警之间
   C. 在正常水位上、下一个预定的范围之内
9. 船用辅锅炉程序控制器保养周期为________。
   A. 3 个月　　B. 6 个月
   C. 12 个月
10. 船用辅锅炉水位开关应注意________。
   A. 测量绝缘　　B. 轴承加油
   C. 保持动作良好
11. 开行前,要对舵机进行校对(俗称对舵),其主要内容是________。
   A. 核对机旁舵角指示器和驾驶台舵角指示器指示是否一致
   B. 核对集控室舵角指示器和驾驶台舵角指示器指示是否一致
   C. 核对机旁机械舵角指针和驾驶台舵角指示器指示是否一致
12. 开行前,要对舵机进行校对(俗称对舵),正确的做法是________。
   A. 核对机旁舵角指示器和驾驶台舵角指示器是否都在零位
   B. 核对集控室舵角指示器和驾驶台舵角指示器是否都在零位
   C. 核对机旁机械舵角指示器和驾驶台舵角指示器是否都在零位,左、右满舵及中间几个整数角度是否一致

13. 舵机电气系统维护保养项目：随动舵操纵台，对应的维护保养周期是________。
    A. 每个航次　　B. 3个月
    C. 6个月
14. 舵机电气系统维护保养项目：执行电磁阀，对应的维护保养周期是________。
    A. 每个航次　　B. 3个月
    C. 6个月
15. 舵角指示器与舵叶实际位置的偏差要求：正舵位置时偏差应为________。
    A. 0°　　B. ±0.5°以内
    C. ±1.0°以内
16. 航行时，如发现“自动”和“随动”操舵都失灵，正确的做法是________。
    A. 通知船长处理
    B. 立即停止舵机油泵
    C. 转应急手柄操舵
17. 舷梯的长度应在船舶不利的纵倾情况下和向任何一舷横倾不少于________，可从舷梯甲板延伸到最轻载航行水线。
    A. 25°　　B. 20°
    C. 15°
18. 船舶空调系统不制热应检查________。
    A. 风机是否起动　　B. 电源开关
    C. 风机连锁
19. 船舶伙食升降机的检查周期应为________。
    A. 10天　　B. 20天
    C. 1个月
20. 船舶集控室空调风机运转正常，室温高而压缩机不起动，应首先检查________。
    A. 冷却水压力　　B. 压缩机低压继电器
    C. 压缩机滑油差控制器
21. 伙食升降机的常见故障是单向不动作，其原因多半是________。
    A. 接触器主触点接触不良
    B. 热继电器触点接触不良
    C. 互锁触点接触不良
22. 淡水压力柜的水泵电动机起停过于频繁，电器方面的因素可能是________。
    A. 压力继电器低限值整定太高

B. 压力继电器高限值整定太低

C. 压力继电器低限值整定太高或高限值整定太低

23. 关于交流三速锚机的控制线路(利用主令控制手柄操作),说法错误的是________。

A. 应具有电气制动和机械制动相配合的制动环节

B. 应能满足电机堵转运行的要求

C. 当主令手柄从零位迅速扳到高速挡,控制线路应使电机也立即高速起动

24. 关于对电动锚机控制线路的要求,说法正确的是________。

A. 当主令控制器手柄从零位快速扳到高速挡,电机也立即高速起动

B. 控制线路应适应电机堵转的要求

C. 控制线路中不设过载保护

25. 锚机对电力拖动的要求中,电动机能在堵转情况下工作________。

A. 5 min　　B. 1 min

C. 8 min

26. 锚机、绞缆机工作定额应不小于________。

A. 30 min　　B. 40 min

C. 50 min

27. 锚机应能在堵转的情况下工作________。

A. 1 min　　B. 2 min

C. 3 min

28. 关于电动锚机,下列说法中正确的是________。

A. 收锚时不允许倒拉反接制动　　B. 电动机能在堵转下工作 1 min

C. 电动机不能在最大负载下起动

29. 关于电动锚机,电动机起动次数不宜过于频繁,应该能连续工作________ min,且要满足 30 min 内起动________次的要求。

A. 10;10　　B. 20;20

C. 30;25

30. 关于电动锚机,下列说法错误的是________。

A. 电动机允许堵转　　B. 电动机属于短时工作制

C. 电动机不能在最大负载下起动

31. 关于电动锚机的控制线路,下列说法错误的是________。

A. 当主令控制手柄从零位快速扳到高速挡时,控制线路的自动延时控制可由低速级加速到高速级

B. 电动锚机能适应堵转的要求

C. 手柄回零位,有机械制动可使电动机迅速停车,因而没有电气制动

32. 关于电动锚机控制线路,下列说法正确的是________。

A. 锚机控制线路应具有电气制动和机械制动相配合的可靠制动环节,可使锚机迅速停车

B. 锚机控制线路只允许电动机堵转 30 秒

C. 当手柄从零位迅速扳到高速挡,锚机控制线路立即使电动机高速起动

33. 关于利用主令控制手柄操作的交流三速锚机的控制线路,下列说法正确的是________。

A. 当主令手柄从零位迅速扳到高速挡,控制线路应使电机也立即高速起动

B. 由于当接触器失压时,衔铁便释放,已经起到零压保护的功能,所以控制线路不需另设置其他零压保护环节

C. 控制线路中应设置短路、过载、失压、断相等保护环节

34. 电动机低速起锚,其中速和高速接触器的状态是________。

A. 中速断电,高速断电　　B. 中速断电,高速通电

C. 中速通电,高速断电

35. 某些船装备有自动收缆机,它主要依据________而工作。

A. 压力传感器　　B. 电机电流传感器

C. 张力传感器

36. 交流三速电动锚机控制电路,一般不设________。

A. 错向保护　　B. 失压保护

C. 过电流保护

第一节　船舶电力系统主要图纸

1. B　2. C　3. A　4. C　5. B　6. C　7. C　8. B　9. C　10. C
11. C

第二节　船舶照明系统

1. A　2. A　3. B　4. B　5. C　6. A　7. A　8. A　9. C　10. B
11. B　12. B　13. B　14. C　15. A　16. C　17. C　18. C　19. B　20. C

21. A　22. A　23. C　24. A　25. A　26. C　27. A　28. A　29. C　30. A
31. C　32. B　33. B　34. A　35. C　36. C　37. A　38. A　39. A　40. A
41. B

第三节　日光灯的基本原理和维护

1. C　2. A　3. B　4. C　5. C　6. A　7. A　8. A　9. A

第四节　熔断器

1. C　2. A　3. B　4. B　5. B　6. C　7. C　8. B　9. C　10. B
11. C

第五节　机舱集中控制警报系统

1. A　2. A　3. C　4. C　5. C　6. A　7. C　8. A　9. B　10. B
11. A

第六节　船舶火警监控系统的基本原理

1. C　2. C　3. B　4. B　5. B　6. B　7. C　8. C　9. B　10. C
11. A　12. C　13. C　14. C　15. B　16. A　17. C　18. C　19. C　20. A
21. A　22. C　23. C　24. B　25. C　26. B　27. C　28. C　29. B　30. C
31. A　32. C　33. C

第七节　电气防爆知识

1. C　2. B　3. C　4. A　5. A　6. A　7. A

第八节　电气或控制系统的维护和修理

1. B　2. A　3. B　4. C　5. A　6. C　7. A　8. C　9. C　10. C
11. C　12. C　13. A　14. B　15. A　16. C　17. C　18. A　19. C　20. A
21. C　22. C　23. C　24. B　25. B　26. A　27. A　28. B　29. C　30. C
31. C　32. A　33. C　34. A　35. C　36. A

第五章 物料管理

第一节 电子电气常用物料的种类

1. 机舱使用的工具种类繁多,一般可分为________。
①标准工具;②推荐的专用工具;③可租用的大型专用工具
A. ①② B. ①②③
C. ②③

2. 在正常情况下,建立有效的船舶备件管理系统可以________。
①确保安全航行,减少停航时间;②提高资金周转防止浪费;③控制备件库存量,减少资金的积压
A. ③ B. ①②
C. ①②③

3. 计算机备件管理系统的主要优点是________。
①易得到所有备件的技术资料;②便于备件的成本控制;③有利于备件标签的打印;④可进行备件消耗的预测;⑤具有备件自动订货系统;⑥可对到船备件进行识别
A. ①②③④ B. ①②③④⑤
C. ③④⑤⑥

4. 为了管理好船上的备件,必须建立一个备件管理系统,主要包括________。
①备件编号;②备件标签;③备件存放位置;④备件数量;⑤交货时间;⑥订货单及供货单
A. ①②③④⑤⑥ B. ①③④⑤
C. ①③④⑥

第二节 电子电气物料申请方法

1. 需订购的备件已做了新的改型,订购时应注意的主要方面是________。
   A. 适用性　　B. 可靠性
   C. 价格变化
2. 轮机部在申请备件时,不同机型的备件要________填写申请单,________。
   A. 统一;以节省申请单用纸　　B. 统一;以方便公司订购
   C. 分别;不要一单多用
3. 一般船舶都配有船舶物料手册,手册中有各种物料的________等,以便指导对物料的选用和订购。
   ①编号;②规格;③性能;④材料;⑤图示;⑥使用方法
   A. ①②③④⑤　　B. ②③④⑤⑥
   C. ①②③④⑤⑥
4. 如果需要订购专用工具时应查明________。
   ①工具的名称;②工具的代号;③设备的型号
   A. ①②　　B. ①③
   C. ①②③
5. 对船上库存备件的数量,可从________方面来考虑。
   ①安全角度;②满足船级社的备件要求;③适应船舶备件消耗的具体情况;④备件交货时间的长短;⑤轮机人员的技术水平
   A. ②③④⑤　　B. ①③④⑤
   C. ①②③④

第三节 物料安全存放与使用要求

1. 在轮机部工具管理工作中,正确的做法是________。
   A. 专用测量工具应保持良好的精度,一般应由大管轮或轮机长使用管理
   B. 液压工具在使用时,无论何时不得超过规定压力的120%
   C. 主机所用液压工具应使用柴油机油或透平油
2. 船舶备件申请及接收时应该注意________。
   ①备件改型后是否可以通用;②做好备件接收工作,严格把好备件质量关;③对急需备件要求交货迅速,按时送上船
   A. ①②　　B. ①②③

C. ①③

3. 对正常到期换下的旧备件，要________。

A. 在到港后，及时处理出船，以免占用舱容

B. 尽量修复，留作备用，以备不时之需

C. 单独摆放，不可丢弃，以备公司或有关部门检查

4. 在更换备件时，要及时填写备件消耗报表，并简要注明________。

A. 更换或损坏的原因　　B. 更换的时间与地点

C. 参加此项工作的人员

5. 在我国，________对船舶主要备件数量都做了明确规定。

①《钢质海船入级规范》；②《船舶与海上设施法定检验技术规则》；③中华人民共和国海事局；④造船厂和设备生产厂家

A. ①②③④　　B. ①②

C. ③④

6. 船上备件如不满足要求，会影响________的签发。

①轮机入级证书的签发和船级证书；②法定证书（船舶航行安全证书或适航证书）

A. ①②　　B. ②

C. ①

参考答案

第一节　电子电气常用物料的种类

1. B　2. C　3. B　4. A

第二节　电子电气物料申请方法

1. A　2. C　3. A　4. C　5. C

第三节　物料安全存放与使用要求

1. A　2. B　3. B　4. A　5. B　6. A

第六章 防止海洋环境污染

第一节　防止海洋污染的有关国际公约、法规

1. 船舶的排放机舱污水的含油量不得超过________的规定扩大到所有航区。

A. 10ppm　　B. 12ppm

C. 15ppm

2. 按 MARPOL 公约规定，经过粉碎后的食品废弃物，如果直径小于 25 mm，当船舶航行时，在特殊区域之外则可在________投放。

A. 距最近陆地 4 海里以外　　B. 距最近陆地 3 海里以外

C. 距最近陆地 12 海里以外

3. 防止船舶对海洋污染的措施有________。

①从法律上约束其行为；②加强并改善操作技术；③禁止排放各种物质

A. ①③　　B. ②③

C. ①②

4. 船舶压载水对海洋环境造成污染的主要原因是船舶压载水中的________。

A. 垃圾　　B. 油类

C. 有害水生物及病原体

5. ________是一个旨在对船舶及设备、船员操作、公司管理和船旗国管理等实施有效控制从而保证海上人命安全公约，也是海上人命安全方面最古老、最重要的公约。

A. SOLAS 公约　　B. MARPOL 公约

C. 1990 油污法

6. SOLAS 公约的主要目的是规定与安全相应的船舶构造、设备及其操作的________，由船旗国政府负责督促执行。

A. 一般标准　　B. 最低标准

C. 最高标准

7. SOLAS 公约的主要作用和目的是________。
   A. 控制船员职业技术素质和值班行为
   B. 防止船舶造成污染，保护海洋环境
   C. 在船舶结构、设备和性能、安全管理等方面规定统一标准和要求
8. SOLAS 公约适用的对象是________。
   A. 从事国际航行的船舶　　B. 军舰
   C. 渔船
9. SOLAS 公约规定的主管机关为________。
   A. IMO　　B. 船旗国政府
   C. 船级社
10. 现行的 1974 年 SOLAS 公约涵盖了________方面的要求。
    ①船舶安全技术；②船舶安全管理；③船舶人员资质；④船舶保安
    A. ①②③　　B. ①②④
    C. ①③④
11. 关于 SOLAS 公约的作用说法不正确的是________。
    A. 对船舶及设备提出要求　　B. 对船员操作提出要求
    C. 对船员适任标准提出具体要求
12. 按 SOLAS 公约的规定，以下哪一航区内航行的船舶需要安装 Inmarsat 地面站________。
    A. A1　　B. A2
    C. A3
13. 每艘船舶应配备有主管机关满意的、持有________规定的相应证书、能胜任遇险与安全无线电通信的人员。
    A. STCW 公约　　B. MARPOL 公约
    C. SOLAS 公约
14. SOLAS 公约第五章规定每________个月应进行一次应急操舵演习。
    A. 1　　B. 2
    C. 3
15. ISM 规则的目标不包括________。
    A. 保证海上安全　　B. 防止人员伤亡
    C. 保证利益最大化
16. 对于符合 ISM 规则要求的船舶，主管机关颁发________证书。
    A. SMC　　B. DOC
    C. SMS

17. 关于 ISM 规则，下列说法中错误的是________。
    A. 公司应当保证船长完全熟悉公司的安全管理体系
    B. 公司应当保证船长具有适当的指挥资格
    C. 公司应当保证船上人员在生活中能够有效地交流
18. 在 ISM 规则的有关内容中，SMS 全称为________。
    A. 质量管理体系　　B. 安全管理体系
    C. 船舶安全体系
19. ISM 规则的全称为________。
    A.《国际船舶安全运营和防止污染管理规则》
    B.《国际安全管理规则》
    C. 安全管理体系
20. ISM 规则的基本理论不含________。
    A. 体系管理　　B. 过程监控
    C. 效益优先
21. ISM 规则中的“公司”是指________。
    A. 船东　　B. 船舶管理者
    C. 船东或船舶管理者或光船租船人
22. SMS 文件体系构成的三个层次中不含________。
    A. 安全管理手册　　B. 须知文件
    C. 质量方针
23. ________系指签发给船舶，表明其公司和船上管理已按照认可的安全管理体系运作的文件。
    A. 安全管理体系　　B. 符合证明
    C. 安全管理证书
24. 根据 ISPS 规则的要求，船舶保安计划演习应至少每________进行一次。
    A. 1 个月　　B. 3 个月
    C. 6 个月
25. STCW 公约分为 A、B 两部分，A 部分为强制性标准，给出了海员________。
    ①最低适任标准；②特殊培训和专业培训的要求、发证标准；③海员值班标准；④船员权益标准
    A. ①②③　　B. ①②④
    C. ②③④
26. STCW 公约是________。
    A.《国际海上人命安全公约》　　B.《国际防止船舶造成污染公约》

C.《1978年海员培训、发证和值班标准国际公约》

27. 控制船员的技术素质和值班行为,这是________公约的内容。

A. SOLAS　　B. STCW

C. MARPOL

28. 港口国监督的英文简写为________。

A. PSC　　B. ISM

C. SMS

29. 船舶PSC检查实施“扩大检查”的基本项目包括________。

①全船断电和应急发电机的起动;②检查应急照明;③舱底泵和应急消防泵操作;④舵机和油水分离器的检查与试验;⑤水密门关闭操作;⑥如锅炉、通风系统和燃油泵等遥控应急切断试验

A. ①②③④⑤　　B. ②③④⑤⑥

C. ①②③④⑤⑥

30. 关于PSC,不正确的说法是________。

A. PSC是指港口国监督或港口国检查

B. 港口国监督是对抵港的外国船舶实施的

C. PSC检查中一般都应进行更详细的检查

31. 在PSC检查报告中,代码30表示________。

A. 在下一港口纠正缺陷　　B. 要求船长在离港前纠正缺陷

C. 滞留船舶

32. 港口国监督是指港口国当局对抵港的________实施的,以船员、船舶技术状况和操作为检查对象的,已确保船舶和人命财产安全、防止海洋污染为宗旨的一种监督与控制。

A. 外国籍船舶　　B. 本国籍船舶

C. 散装货船

33. 关于港口国监督中,下列说法不正确的是________。

A. 港口国实施PSC检查时,不得擅自提高或扩大检查标准

B. 非缔约国船舶或小于公约适用长度的船舶,不予优惠对待

C. 对抵港的外国籍船舶只进行外观检查

34.《2006年海事劳工公约》规定,禁止任何________岁以下的人员受雇、受聘或到船上工作。

A. 14　　B. 16

C. 18

35.《2006年海事劳工公约》规定,最短休息时间在任何24小时时段内不得少于

________小时,且在任何 7 天时间内不得少于________小时。

A. 10;70　　B. 6;70

C. 10;77

36.《2006 年海事劳工公约》中不包括的内容有________。

A. 就业条件　　B. 船舶设备状况

C. 生活居住条件

37. 联合国旗下保护劳动者权益的组织是________。

A. IMO　　B. ISO

C. ILO

38. 对海员工资、作息时间、船上生活条件、船员社会保障等做出要求的公约是________。

A. SOLAS 1974 公约　　B. STCW 2010 公约

C. MLC 2006 公约

39. 按 MLC 2006 公约的规定,关于海员作息时间不正确的是________。

A. 任何 24 小时时段内最长工作时间不超过 14 小时

B. 任何 7 天时间内最长工作时间不超过 72 小时

C. 进行集合、消防和救生艇训练以及国家法律、条例和国际文件规定的训练时,不用考虑休息时间的限制

第二节　防止海洋污染的有关国内法律、法规

1. ________负责海洋环境的监督管理,组织海洋环境的调查、监测、监视、评价和科学研究,负责全国防治海洋工程建设项目和海洋倾倒废弃物对海洋污染损害的环境保护工作。

A. 国务院环境保护行政主管部门　　B. 国家海洋行政主管部门

C. 国家海事行政主管部门

2. 发现船舶及其有关作业活动可能对海洋环境造成污染的,船舶、码头、装卸站应当________,并________报告。

A. 立即采取相应的应急处置措施;立即向中国海事局

B. 立即处理污染物;立即向中国海事局

C. 立即采取相应的应急处置措施;就近向有关海事管理机构

3. 根据《中华人民共和国船员条例》规定,海事管理机构应当自受理船员注册申请之日起________日内做出注册或者不予注册的决定。

A. 5　　B. 10

C. 15

4. 根据《中华人民共和国船员条例》,下列说法中错误的是________。

A. 船长在其职权范围内发布的命令,船舶上所有人员必须执行

B. 不得利用船舶私载旅客、货物,不得携带违禁物品

C. 所有船员在航次中,不得擅自辞职、离职或者中止职务

5. 船员适任证书被吊销的,自被吊销之日起________年内,不得申请船员适任证书。

A. 1　　B. 2

C. 3

6. 海员在国内/国外遗失海员证,分别应向________申请补发。

A. 到达港海事机构和我国驻外使领馆

B. 原发证海事机构和我国驻外使领馆

C. 原发证海事机构和公司驻外机构

7. 根据《中华人民共和国船员条例》的规定,船员用人单位应当向在劳动合同有效期内的待派船员,支付不低于________所在地人民政府公布的最低工资。

A. 船员户口　　B. 船员居住地

C. 船员用人单位

8. 根据《中华人民共和国船员条例》,下列说法正确的是________。

A. 中国籍船舶的船长和高级船员应当由中国籍船员担任;需外国籍船员担任高级船员的,应当报国家海事管理机构批准

B. 中国籍船舶的船长和高级船员只能由中国籍船员担任

C. 需外国籍船员担任普通船员的,应当报国家海事管理机构批准

9. 申请船员注册,其必备的条件中不含________。

A. 年满 18 周岁(在船实习、见习人员年满 16 周岁)但不超过 60 周岁

B. 符合船员健康要求

C. 通过船员专业外语考试

10. 在《中华人民共和国海船船员适任考试和发证规则》中,适任证书的等级有________。

①船长、驾驶员、轮机长和轮机员适任证书;②高级值班水手、高级值班机工适任证书;③值班水手、值班机工适任证书;④电子电气员和电子技工适任证书适用于主推进动力装置 750 kW 及以上的船舶

A. ①②③　　B. ②④

C. ①②③④

11. 在《中华人民共和国船员条例》中,下列关于船员职责的说法,错误的

是________。

A. 船长、高级船员在航次中,不得擅自辞职、离职或者中止职务

B. 参加船舶应急训练、演习

C. 船长所发布的命令,船舶上所有人员必须执行

12. 在《中华人民共和国船员条例》中,下列说法错误的是________。

A. 船舶违反本条例和有关法律、行政法规规定的,海事管理机构应当责令限期改正

B. 海事管理机构实施监督检查时,应查验船员必须携带的有效证件

C. 海事管理机构实施监督检查时,应当有 1 名以上执法人员参加,并出示有效的执法证件

13. 我国船员培训考试发证的主管机关是________。

A. 海事局　　B. 船检部门

C. 各公司船员部

14. 按照《中华人民共和国海船船员适任考试和发证规则》,电子技工需实际任职________后才有资格申请电子电气员适任资格考试。

A. 3 个月　　B. 6 个月

C. 18 个月

15. 持有《1978 年海员培训、发证和值班标准国际公约》缔约国签发的外国适任证书的船员在中国籍船舶上任职的,应当取得由________签发的外国适任证书的承认签证。

A. 国务院授权国务院交通运输主管部门

B. 国家海事管理机构

C. 民政部门

16. 在《中华人民共和国海船船员适任考试和发证规则》中,中国籍船舶在境外遇有不可抗力或者其他导致持证船员不能履行职务的特殊情况,无法满足________要求,需要由本船________船员临时担任________职务时,应当向海事管理机构申请签发特免证明。

A. 船舶值班;下一级;上一级

B. 船舶最低安全配员;下一级;上一级

C. 船舶最低安全配员;上一级;下一级

17. 在《中华人民共和国海船船员适任考试和发证规则》中,申请电子电气员需要的海上任职资历________。

A. 担任电子技工满 18 个月,在相应等级的船舶上完成不少于 6 个月的任职前船上见习

B. 担任电子技工满 12 个月,在相应等级的船舶上完成不少于 6 个月的任职前船上见习

C. 担任电子技工满 18 个月,在相应等级的船舶上完成不少于 12 个月的任职前船上见习

18.《中华人民共和国船舶安全营运和防止污染管理规则》的规定源自________。

A. ISM 公约　　B. MLC 公约

C. SOLAS 公约

19.《中华人民共和国船舶安全营运和防止污染管理规则》的目标是________。

A. 保障水上交通安全,防止人员伤亡,避免对环境,特别是水域环境造成危害以及造成财产损失

B. 提供船舶营运的安全做法和安全工作环境

C. 不断提高船、岸人员的安全管理技能以及安全与环境保护应急反应能力

20. 经审核,船上的管理及操作符合经认可的公司安全管理体系要求的,主管机关或主管机关认可的机构将向船舶签发有效期不超过________年的“安全管理证书”。

A. 2　　B. 3

C. 5

21. 对涉及船舶安全和防污染的________的船上操作,公司应当建立如何制订有关方案和须知(包括需要的检查清单)的程序。

A. 普通性　　B. 一般性

C. 关键性

22. 船公司及所属船舶需建立安全管理体系是________的要求。

A. ISM 规则　　B. ISPS 规则

C. STCW 公约

23. 所有获得 SMC 的船舶应按照 ISM 规则的规定接受中间审核,在船舶 SMC 有效期内应至少进行________次审核。

A. 1　　B. 2

C. 3

24. 根据《中华人民共和国船舶安全营运和防止污染管理规则》,公司需开航前发出的重要指令均应________。

A. 标明并以书面形式下达　　B. 口头通知

C. 电话通知

25. “符合证明”的有效性服从于由主管机关在周年日前、后三个月内进行的________。

A. 中间审核　　B. 年度审核

C. 附加审核

26. 在有效期内,"安全管理证书"的有效性服从于由主管机关或主管机关认可的机构进行至少一次的________。

A. 中间审核　　B. 年度审核

C. 附加审核

27. 在 SMC 到期之日前________内,船舶应按规定接受 SMC 换证审核,并应在 SMC 到期之日前完成审核。

A. 3 个月　　B. 6 个月

C. 9 个月

28.《中华人民共和国船舶安全营运和防止污染管理规则》(NSM 规则)主要注重________控制。

A. 安全管理　　B. 防污染

C. 人为因素

29. 当船舶发生全船失电时,船上采取的应急措施中不含________。

A. 立即报告驾驶台　　B. 尽快恢复电力供应

C. 立即向公司报告

30. 当船舶加油操作发生溢油时,船上采取的应急措施中不含________。

A. 拉响警报　　B. 确保排水孔已堵塞

C. 使用消油剂清理溢油

31. 货船船员弃船和消防演习的频度分别是________。

A. 每月 1 次、每月 2 次　　B. 每月 1 次、每月 1 次

C. 每 2 个月 1 次、每 2 个月 1 次

32. 应变部署表应公布在全船各明显的处所,包括________。

①驾驶室;②机舱集控室;③各船员起居住所;④更衣间;⑤梳房

A. ①④⑤　　B. ①②⑤

C. ①②③

33. 船舶发生机损、海损事故,自救失败,船长可以做出弃船决定,但除紧急情况外,应报经________同意。

A. 沿海国主管机关　　B. 船旗国主管机关

C. 船舶所有人

34. 下列关于应急演习的描述哪项是错误的?

A. 每位船员每月应至少参加 1 次救生演习和消防演习

B. 客船每周应举行 1 次消防演习和救生演习

C. 堵漏(抗沉)演习应每 2 个月举行一次

35. 根据《中华人民共和国船舶安全监督规则》规定,因船舶检验机构人员滥用职权、徇私舞弊、玩忽职守、严重失职,造成已签发检验证书的船舶存在严重缺陷或者发生重大事故的,海事管理机构应当________。

A. 对其处 1000 元以上 1 万元以下罚款 B. 对其处 1 万元以上 3 万元以下罚款

C. 撤销其检验资格

36. 制定《中华人民共和国船舶安全监督规则》的目的包括________。

①规范船舶安全监督工作;②规范船舶安全检查活动;③保障水上人命、财产安全;④防止船舶造成水域污染

A. ①③④ B. ①③

C. ②③④

37. 制定《中华人民共和国船舶安全监督规则》的依据包括________。

①《中华人民共和国海上交通安全法》;②《中华人民共和国海洋环境保护法》;③《中华人民共和国港口法》;④《中华人民共和国内河交通安全管理条例》;⑤《中华人民共和国船员条例》

A. ①② B. ①③

C. ①②③④⑤

38.《中华人民共和国船舶安全监督规则》适用于对________实施的安全监督工作。

①中国籍船舶;②停泊于我国港口的外国籍船舶;③作业于我国管辖水域的外国籍船舶;④航行于我国管辖水域的外国籍船舶

A. ①②③ B. ①②③④

C. ②④

39.《中华人民共和国船舶安全监督规则》适用于________。

A. 航行于我国管辖海域的军事船舶

B. 停泊于我国内水的公安和边检船舶

C. 停泊、作业于我国管辖水域的外国籍船舶

40. 根据《中华人民共和国船舶安全监督规则》规定,船舶安全监督分为________和________。

A. 船舶现场监督;船舶安全检查 B. 船舶现场监督;船舶检查

C. 船舶监督;船舶安全检查

41. 根据《中华人民共和国船舶安全监督规则》规定,从事船舶安全检查的海事行政执法人员应当取得________,并不断更新知识。

A. 船舶安全监督证书 B. 船舶安全检查证书

C. 相应等级的资格证书

42. 根据《中华人民共和国船舶安全监督规则》规定，船舶现场监督应当由________实施。

A. 海事行政执法人员　　B. 具备相应资质的船上人员

C. 具备相应职责的海事行政执法人员

43. 根据《中华人民共和国船舶安全监督规则》的规定，船舶安全检查是指________按照一定的时间间隔对船舶的安全和防污染技术状况、船员配备及适任状况、海事劳工条件实施的安全监督检查活动，包括船旗国监督检查和港口国监督检查。

A. 船长、轮机长　　B. 海事行政执法人员

C. 海事管理机构

44. 根据《中华人民共和国船舶安全监督规则》的规定，船舶安全检查对外籍船舶属________监督检查。

A. 港口国　　B. 船旗国

C. 缔约国

45. 根据《中华人民共和国船舶安全监督规则》，船舶安全检查分为________。

①船旗国监督检查；②港口国监督检查；③缔约国监督检查

A. ①②　　B. ①③

C. ②③

46.《中华人民共和国船舶安全监督规则》规定，船舶安全检查的内容包括________。

①船舶配员情况；②客货载运及货物系固绑扎情况；③船舶保安相关情况；④船舶安全管理体系运行情况

A. ①③④　　B. ①④

C. ①②③④

47. 根据《中华人民共和国船舶安全监督规则》，船舶安全检查的内容包括________。

①法律、法规、规章以及我国缔结、加入的有关国际公约要求的其他检查内容；②海事劳工条件；③船舶结构、设施和设备情况；④船舶配员情况

A. ①③④　　B. ①②③④

C. ②③④

48.《中华人民共和国船舶安全监督规则》规定，海事管理机构完成船舶安全监督后应当签发相应的“船舶现场监督报告”“船旗国监督检查报告”或者“港口国监督检查报告”，由船长或者________签名。

A. 轮机长　　B. 大副

C. 履行船长职责的船员

49.《中华人民共和国船舶安全监督规则》规定,海事管理机构完成船舶安全监督后应当签发相应的“船舶现场监督报告”“船旗国监督检查报告”或者________,由船长或者履行船长职责的船员签名。一式两份,一份由海事管理机构存档,一份留船备查。

A.“港口现场检查报告”　　B.“港口国监督检查报告”

C.“港口国监督报告”

50. 根据《中华人民共和国船员违法记分办法》,船员违法行为发生地包括________。

①违法行为的结果发现地;②违法行为的过程经过地;③违法行为的初始发生地;④船员注册所在地

A. ①②④　　B. ②③④

C. ①②③

51.《中华人民共和国船员违法记分办法》适用于对船员违反________行为实施累计记分。

①水上交通安全相关法律;②防治船舶污染水域相关法律;③行政法规

A. ①②　　B. ②③

C. ①②③

52.《中华人民共和国船员违法记分办法》规定,每________个公历年为一个记分周期,满分________分。

A. 1;12　　B. 2;12

C. 1;15

53. 根据《中华人民共和国船员违法记分办法》规定,船员在一个记分周期内累计记分达到________的,最后实施船员违法记分的海事管理机构应当________。

A. 15 分;对其严重警告处分　　B. 15 分;扣留其船员适任证书

C. 12 分;对其严重警告处分

54. 根据《中华人民共和国船员违法记分办法》,法规培训应包括________等内容。

①水上交通安全相关法规;②防治船舶污染相关法规;③安全知识的教育;④海事案例

A. ②③　　B. ②③④

C. ①②③④

55. 根据《中华人民共和国船员违法记分办法》,伪造船舶服务资历,或者提供虚假材料申请“船员证书”的,违法记分分值是________分。

A. 15　　B. 8

C. 4

第三节　油水分离器

1. 重力式油水分离器的工作原理是利用了________。

A. 油水的密度差　　B. 油水的不相容性

C. 油的团聚性

2. ________是油水分离系统中自动排油的控制方式之一。

A. 光学浊度法　　B. 红外光散射测量法

C. 电极式方法

3. 油水分离器的物理方法有________。

A. 凝聚　　B. 重力分离

C. 电凝聚

4. 船上油水分离器直接应用的方法有________。

A. 活性污泥法　　B. 重力分离法

C. 生物滤池法

5. 油水分离器经过第二筒处理后,含油质量分数应小于________。

A. 5ppm　　B. 10ppm

C. 15ppm

6. 关于油水分离器,说法不正确的是________。

A. 污水含油量控制值一般为 15ppm 或更小

B. 含油量超标时分离装置自动停止分离和检测过程

C. 当污水含油量超过 15ppm 时停止向外排水

第四节　生活污水处理装置

1. 国产生活污水处理装置采用________作为絮凝剂。

A. 氢氧化钠　　B. 氢氧化钙

C. 氢氧化钾

2. 船舶生活污水处理装置中有投药环节,其目的是________。

A. 促进污水中的微生物代谢分解氧化

B. 杀菌

C. 分解有害气体

3. 对于生活污水处理装置排出的水和渣,正确的处理方法是________。
   A. 将水和渣都排入大海　　B. 将水和渣都送焚烧炉焚烧
   C. 将水排入大海,将渣送焚烧炉焚烧

第五节　焚烧炉

1. 焚烧炉在燃烧时炉膛内的压力情况是________。
   A. 正压　　B. 负压
   C. 大气压力
2. 焚烧炉是用来处理船上的固体和液体垃圾的,它可以处理________。
   A. 污油水　　B. 多氯联苯(PCB)
   C. 重金属垃圾
3. 焚烧炉是用来处理船上的固体和液体垃圾的,因此________。
   A. 无须配置轻油管路　　B. 渣油系统中不设滤器
   C. 垃圾废物自己燃烧

第六节　船舶防污染技术

1. 船舶发生污染事故后,下列做法中错误是________。
   A. 立即喷洒消油剂清除油污　　B. 立即向该水域管理当局报告
   C. 立即采取控制措施
2. 船舶在海上发生溢油事故时,首先应采取________的措施。
   A. 查明溢油原因　　B. 防止溢油扩散
   C. 处理海上溢油
3. 船舶发生污染事故,________应及时向所在港海事部门呈报“船舶污染事故报告书”。
   A. 船公司　　B. 目击者
   C. 船长
4. 当船上在进行加油作业时发生溢油,需立即采取的措施中不含________。
   A. 拉响警报　　B. 立即通知加油方停止作业
   C. 立即向船舶所有人报告
5. 进行机舱污水排放时,需采取的行动中不含________。
   A. 征求值班驾驶员的同意　　B. 起动油水分离器
   C. 污水流量尽量开启到最大

6. 当发生事故性溢油时,需立即采取的行动中不含________。

A. 拉响警报　　B. 停止机舱非必要的空气吸入

C. 驶向溢油区的下风侧

7. 船舶发生污染事故后,应以打捞为主进行处理,其目的是________。

A. 节约处理经费　　B. 防止阻塞航道

C. 防止事态扩大

8. 船舶发生油污事故后,如需使用化学消油剂,按规定________。

①不得擅自使用;②应事先用电话或书面向港口主管机关申请批准;③申请时应说明其牌号,计划用量和使用地点

A. ①②　　B. ①③

C. ①②③

9. 船舶发生油污事故后,在向有关当局提交的污染事故报告中,不恰当的内容是________。

A. 发生事故的时间、地点　　B. 污染水域的污染物和数量

C. 污染发生后所使用的消油剂品牌和数量

10. 一旦船舶发生污染事故后,应做的工作是________。

①立即电告公司派人检查处理;②尽快报告所在港海事局;③立即喷洒消油剂;④消油剂处理后书面电告公司;⑤将事故经过记入油类记录簿;⑥将情况记入副机日志

A. ①③⑥　　B. ①②⑤

C. ②③④

11. 下列________不是船舶污染事故处罚处理程序的内容。

A. 调查、询问记录　　B. 调查处理报告

C. 航海日志报告

12. 关于船舶污染事故调查中搜集的证据,下列说法不正确的是________。

A. 搜集的书证和视听材料可以是原件,也可以抄录、复印、拍照

B. 搜集的书证资料可以不需当事人签字认定

C. 搜集船舶相关物证时,应要求船长指定一位负责人在场,并对有关物证签字确认

13. 船舶防污染程序包括________。

A. 防污染管理程序、事故报告程序和应急反应程序

B. 防污染管理程序、事故调查程序和应急反应程序

C. 防污染管理程序、防污染操作程序和应急反应程序

14. 关于油分散剂,下列叙述不正确的是________。

A. 在半封闭海域,使用油分散剂会有显著效果

B. 在沿海国管辖区域使用消油剂,务必向当局申请牌号、用量和使用地点,经批准后使用

C. 油分散剂是由表面活性剂、溶剂和少量添加剂组成的乳化分散型油处理剂

15. 采用________溢油将会收到成本低、设备简单、无二次污染、适合于大面积应用的效果。

A. 微生物降解 B. 分散剂处理

C. 现场焚烧

16. 下列不属于溢油海上化学处理的是________。

A. 机械回收 B. 油分散剂

C. 燃烧

参考答案

第一节 防止海洋污染的有关国际公约、法规

1. C 2. B 3. C 4. C 5. A 6. B 7. C 8. A 9. B 10. B
11. C 12. C 13. C 14. C 15. C 16. A 17. C 18. B 19. A 20. C
21. C 22. C 23. C 24. B 25. A 26. C 27. B 28. A 29. C 30. C
31. C 32. A 33. C 34. B 35. C 36. B 37. C 38. C 39. C

第二节 防止海洋污染的有关国内法律、法规

1. B 2. C 3. B 4. C 5. B 6. B 7. C 8. A 9. C 10. C
11. C 12. C 13. A 14. C 15. B 16. B 17. A 18. A 19. A 20. C
21. C 22. A 23. A 24. A 25. B 26. A 27. B 28. C 29. C 30. C
31. B 32. C 33. C 34. C 35. C 36. A 37. C 38. B 39. C 40. A
41. C 42. C 43. C 44. A 45. A 46. C 47. B 48. C 49. B 50. C
51. C 52. C 53. B 54. C 55. B

第三节 油水分离器

1. A 2. C 3. B 4. B 5. C 6. B

第四节　生活污水处理装置

1. B　2. B　3. C

第五节　焚烧炉

1. B　2. A　3. B

第六节　船舶防污染技术

1. A　2. B　3. C　4. C　5. C　6. C　7. C　8. C　9. C　10. B
11. C　12. B　13. C　14. A　15. A　16. A

第七章 船员职业健康和安全的程序

第一节　作业安全的基本常识

1. 机舱地板上的油污________。
   A. 每天集中清理　　B. 必须随时清理
   C. 每周集中清理
2. 电气设备检修作业安全注意事项中,正确的是________。
   ①高压带电部位必须悬挂危险警告牌;②确需带电作业时,必须使用绝缘良好的工具;③单人作业时,应格外小心,认真检查,以防触电;④作业中注意防止工具、螺栓、螺帽等物掉入电器或控制箱内;⑤看守人员应密切注意工作人员的操作情况
   A. ②③④　　B. ①②③⑤
   C. ①②④⑤
3. 在船舶生活区灭火前,需要应急切断的设备包括________。
   A. 各海水泵　　B. 机舱风机及油泵
   C. 各生活区风机
4. 船舶发生电力中断事故时电子电气员的职责是________。
   A. 协助轮机长或轮机员抢修机械设备　　B. 管理发电机及电站,恢复供电
   C. 恢复机舱动力设备运行
5. 当发生机舱失火,电子电气员应采取的行动是________。
   A. 根据应变部署表的安排,在轮机长的现场指挥下采取相应的行动
   B. 立即停止主发电机,起动应急配电板供电
   C. 立即封闭机舱,施放二氧化碳
6. 船舶失电,恢复正常供电后,顺序起动有关电动泵,最主要目的是________。
   A. 防止混乱　　B. 避免误操作
   C. 避免对电网的冲击并有利于发现故障

7. 船舶航行时,由于过负荷跳电,发电机仍在空负荷下运转,应切除________设备等非重要负载,然后再合闸供电。

A. 舵机　　B. 助航

C. 空调

8. 一旦主电网失电,应急发电机的起动应是________进行的,主配电盘与应急配电盘之间的联络开关是________断开的。

A. 自动;人工　　B. 自动;自动

C. 人工;人工

9. 在全船仅有应急电源供电的情况下,不是确保供电的对象是________。

A. 助航设备　　B. 消防设备

C. 厨房设备

10. 关于一般安全注意事项,说法不正确的是________。

A. 登高作业应履行登高作业申请手续

B. 检查绝缘故障的时候,可以不用确定负载断电

C. 进入相对封闭的场所较长时间,应事先告诉别人,注意通风

11. 驾驶台通信导航等设备维护安全注意事项,下列说法不正确的是________。

A. 对驾驶台电子设备进行维修测试时,应征得轮机长的同意,需要确定电源关闭

B. 对驾驶台电子设备进行维修测试时,尽量避免电子干扰

C. 应建立情景意识,注意断电和恢复供电操作对设备的影响

12. 有关自动化电站应急处理措施,下列说法错误的是________。

A. 找到一个短路点排除后就可按复位按钮

B. 若由于因短路保护引起电网突然失电,则导致除警报声外所有设备均停止运行。此时值班人员切忌在未排除故障的情况下就立即起动机组、合闸供电,供电前必须先查看报警指示

C. 若报警指示确认是短路故障,值班人员(或维修人员)应先到主配电板后面仔细检查汇流排是否发生短路

13. 下列有关设备检修作业的说法中,错误的是________。

A. 检修主机时,如需转车,可随时进行,无须征求意见而影响工作进度

B. 检修主机时,必须在主机操纵处悬挂“禁止动车”的警告牌

C. 检修主机时,必须合上转车机

14. 下列有关设备检修作业的说法中,正确的是________。

A. 检修辅机时,应在驾驶台悬挂“禁止使用”的警告牌

B. 检修电动机时,应在配电板或分电箱的相应部位悬挂“禁止合闸”的警告牌

C. 检修管路或风口时,应在集控室悬挂“禁动”的警告牌

15. 下列有关设备检修作业的说法中,错误的是________。

A. 在锅炉、油水舱内部工作时,应遵守密闭场所作业时的安全措施,打开两道及以上的门,给予足够通风

B. 在锅炉、油水舱内部作业期间,应保持空气畅通并悬挂“有人工作”的警告牌

C. 在锅炉、油水舱内部工作时,应使用可携式高压钠灯

16. 进行下列哪项工作时不应戴手套?

A. 焊接工作 B. 钻床工作

C. 带电作业

17. 检修主机时,正确的操作是________。

A. 在主机操纵处悬挂“禁止动车”的警告牌并合上转车机

B. 检修中如需转车,应请示轮机长仔细操作

C. 必须停锅炉,以防蒸汽泄漏

18. 当设备拆装维修须挂警告牌时,应由________负责挂上和卸下。

A. 轮机长 B. 检修负责人

C. 主管轮机员

19. 关于检修作业时的安全注意事项,下列叙述错误的是________。

A. 检修主机时必须合上盘车机,并在机旁悬挂“禁止动车”

B. 转车前必须注意是否有人或影响转车的物品

C. 检修人员必须互相商量好联络信号

20. 关于检修作业时的安全注意事项,下列叙述正确的是________。

A. 检修带热部件要穿戴短衣短裤防止中暑

B. 进入密封空间检修时必须通知值班人员协助

C. 在锅炉、机器和油柜等内部工作时,应使用便携式防爆式低压照明设备

21. 检修副机和各种辅助机械及其附属设备时,________应在________悬挂“禁止使用”或“禁止合闸”的警告牌。

A. 检修负责人;现场

B. 检修负责人;操纵处或电源控制部位

C. 轮机长;现场

22. 机械设备维修作业安全程序中,下列说法错误的是________。

A. 先拆主要机件,后拆易损件、附属机件

B. 要求相关人员穿着工作服,做好安全预防措施

C. 物料准备,为了保护重要的零件和管口等,需要对其进行支垫和包扎,因此

需要准备木板、厚纸板、垫料等物料

23. 关于机械设备维修作业安全程序,下列说法错误的是________。
A. 防止人身事故和零部件的损伤,拆装前,应做好安全措施
B. 拆卸工作中必须严格遵照说明书要求或相关安全操作规程
C. 作业前无需对起重设备进行空载试验,可以直接吊运

24. 在下列检修作业中,安全的做法是________。
①检修主机时在操纵台悬挂“禁止动车”警告牌;②检修泵时在负载屏处挂警告牌;③拆装高温部件穿长袖长裤
A. ①②　　B. ①②③
C. ①③

25. 轮机部在进行多层作业时,不正确的做法是________。
A. 上高作业用具在使用前必须严格检查
B. 下层人员应戴安全帽,并在正下方注视上层人员的作业
C. 上高作业必须穿防滑软底鞋

26. 轮机部在进行高层作业时,下列说法错误的是________。
A. 上高作业用具在使用前必须严格检查
B. 在坠落高度基准面 3 m 及以上(含 3 m)有可能坠落的高处进行作业
C. 高层作业所拆卸的零件应放在工具袋或桶内

27. 轮机部在进行高层作业时,下列说法正确的是________。
A. 下层人员应戴安全帽,并在正下方注视上层人员的作业
B. 在坠落高度基准面 3 m 及以上(含 3 m)有可能坠落的高处进行作业
C. 高层作业所拆卸的零件应放在工具袋或桶内

28. 在坠落高度基准面________以上有可能坠落的高处进行作业称为高空作业。
A. 1 m　　B. 2 m
C. 5 m

29. 上高作业处下方应铺设________。
A. 安全网　　B. 脚手架
C. 滑车

30. 按照规定在坠落高度基准面________及其以上有可能坠落的高处进行作业,称为高空作业。
A. 1 m　　B. 2 m
C. 3 m

31. 下列有关上高作业的说法中,正确的是________。
A. 上高作业人员应穿硬底鞋

B. 只要手抓牢了，作业时也可以不系安全带

C. 必要时应在作业处的下方铺设安全网

32. 封闭场所作业时，下列说法错误的是________。

A. 如要进入锅炉封闭场所内部工作时，应事先打开两个及以上道门给予足够通风

B. 作业期间可以不使用防爆灯

C. 与内部工作人员保持有效的通信联络，随时密切注意内部工作人员的情况

33. 下列有关封闭场所作业的说法中，错误的是________。

A. 如要进入锅炉、油水舱、油柜、压载舱、双层底等封闭场所内部工作时，事先打开两个及以上阀门给予足够通风

B. 如要进入锅炉、油水舱、油柜、压载舱、双层底等封闭场所内部工作时，只要进去的前后两个人相互照顾，就可以同时都进入工作

C. 填写封闭场所作业检查记录表，报主管人员批准，并经测氧、测爆后方能进入

34. 下列有关封闭场所作业期间的说法中，错误的是________。

A. 使用防爆灯

B. 不能使用照明灯，而只能使用手电筒

C. 悬挂"有人工作"的警告牌

35. 下列有关封闭场所作业期间的说法中，错误的是________。

A. 派值班机工兼职巡回在外守望

B. 派专人在外守望配合

C. 守望人员与内部人员保持有效的通信联系

36. 轮机部在进行吊运作业时，下列说法错误的是________。

A. 必须有专人负责指挥吊运作业

B. 起吊时要先低速将吊索绷紧，待确认已松动后再慢慢起吊

C. 必须有专人在吊运件的下方注意起吊的过程

37. 轮机部在进行吊运作业时，下列说法错误的是________。

A. 必须有专人负责指挥吊运作业

B. 严禁超负荷使用起吊工具

C. 起吊时要先高速将吊索绷紧，待确认已松动后再慢慢起吊

38. 轮机部在进行大件吊运作业时，下列说法错误的是________。

A. 可以超负荷使用起吊工具

B. 严禁超负荷使用起吊工具

C. 在吊运过程中禁止任何人员在下方通过

39. 起吊工作严禁________。
    A. 正常负荷运转　　B. 任何人在下方通过
    C. 戴安全帽
40. 下列有关吊运作业的说法,正确的是________。
    A. 不能超负荷使用起吊工具
    B. 为了节约成本,可以使用断股钢丝的起吊工具
    C. 起吊时,应先高速将吊索绷紧,再慢慢调整
41. 下列有关吊运作业的说法,错误的是________。
    A. 不能使用霉烂绳索的起吊工具
    B. 在吊运过程中,禁止任何人员在下方通过
    C. 吊起的部件,直接放在钢板上即可
42. 轮机部在进行清洗和油漆作业时,下列说法错误的是________。
    A. 使用易燃或有刺激性的液体清洗部件时,一般应在船尾甲板下风处进行
    B. 油漆贮藏间内部或其他封闭处所可以长时间作业
    C. 进入空气瓶内部进行油漆时必须有一人在空气瓶外进行监护
43. 使用易燃或有刺激性的液体清洗部件时,一般应________。
    A. 在首部上风处进行　　B. 在尾部下风处进行
    C. 在首部下风处进行
44. 下列有关清洗和油漆作业的说法中,错误的是________。
    A. 管路及过滤器、加热器等如有泄漏,应等待漏油较多以后再收集起来
    B. 管路及过滤器、加热器等如有泄漏,应尽快清除,并注意防止漏油流散
    C. 机舱地板上的油污必须随时抹去
45. 下列有关清洗和油漆作业的说法中,正确的是________。
    A. 使用易燃或有刺激性的液体清洗部件时,一般应在机舱进行
    B. 使用易燃或有刺激性的液体清洗部件时,一般应在尾部甲板等下风处进行
    C. 使用易燃或有刺激性的液体清洗部件时,产生的污物可直接排放到海里
46. 下列有关清洗和油漆作业的说法,错误的是________。
    A. 在处理酸、碱或其他化学品时,需相应地戴手套、防护眼镜等
    B. 在进入有毒处所时,需相应地戴手套、口罩等
    C. 油漆贮藏间内部或其他封闭处所应分片包干后,所有的人员同时作业,各自单干,以提高效率
47. 进行下列哪项工作时不应戴手套?
    A. 焊接工作　　B. 钻床工作
    C. 凿削工作

48. 低压电气带电工作使用的工具应有________。
A. 绝缘柄　　B. 金属外壳
C. 塑料柄
49. 进入作业现场应将使用的带电作业工具放置在________或绝缘垫上。
A. 干燥的地面　　B. 防潮的帆布
C. 纯棉布
50. 装设、拆除接地线均应使用________并戴绝缘手套,人体不得碰触接地线或未接地的导线。
A. 尼龙绳　　B. 软铜线
C. 绝缘棒
51. 成套接地线应由有________的多股软铜线和专用线夹组成。
A. 绝缘护套　　B. 橡胶护套
C. 透明护套
52. 接地线的两端夹具应保证接地线与导体和接地装置都能接触良好、拆装方便,有足够的________,并在大短路电流通过时不致松脱。
A. 机械强度　　B. 耐压强度
C. 通流能力
53. 直接向带电作业人员传递非绝缘物件,上、下传递工具、材料均应使用________绑扎,严禁抛掷。
A. 钢丝　　B. 扎带
C. 绝缘绳
54. 禁止在运行中或未完全停止的情况下清扫、擦拭机具的________。
A. 转动部分　　B. 保护外壳
C. 绝缘部分
55. 低压电气工作时,拆开的引线、断开的线头应采取________等遮蔽措施。
A. 胶带包裹　　B. 绝缘包裹
C. 帆布遮盖

第二节　船上通信

1. 下列各项中不属于船舶内部通信的是________。
A. 声力电话　　B. 指挥电话
C. 手机
2. 船舶电话系统,根据规范要求,主要分________两种形式。

A. 声力电话和自动电话系统　　B. 声力电话和声控电话系统
C. 手动电话和自动电话系统

3. 船舶报警装置在机舱内应________。
A. 只安装警钟　　B. 只安装警灯
C. 既安装警灯又安装警钟

4. 二氧化碳施放报警应延时________。
A. 1 min　　B. 2 min
C. 5 min

第三节　船员配备及其岗位职责

1. 下述中哪项不正确？
A. 船长在相应的职责范围内所发布的命令不容于下级讨价还价，只能执行
B. 船长单靠绝对权威的工作可使下级工作人员全面而协调地配合
C. 在船上，船员必须有绝对服从的心理准备

2. 电子技工开航前做好准备工作，应注意________。
A. 舵机　　B. 检查甲板
C. 室外电气设备的水密情况

3. 电子技工开航后应检查________。
A. 舵机　　B. 锚机
C. 室外电气设备的水密情况

第四节　海员职业道德和社会责任

1. 海员在航行过程中应做到一切行动听指挥，服从指挥的含义是________。
①一切调度听从安排；②一切行动听从指挥，决不能凭想当然办事；③听从指挥，但允许有自己的想法
A. ①　　B. ②③
C. ①②

2. 海员道德的基本规范包括________。
①爱祖国、爱航海、爱岗敬业；②开拓创新，优质服务；③团结协作，同舟共济；④爱船如家，精于管理；⑤安全第一，服从指挥；⑥遵守环保法规，增强环保意识
A. ①②③④⑤⑥　　B. ②③④⑤⑥
C. ①②④⑤

3. 关于海员道德的基本原则的说法,错误的是________。
   A. 海员最基本的道德原则包含集体主义原则和爱国主义原则
   B. 集体主义原则是海员道德的首要原则
   C. 在集体利益与个人利益发生矛盾时,海员个人利益必须可选择性地服从集体利益
4. ________不属于海员特殊性的职业特点。
   A. 绝对服从　　B. 流动频繁
   C. 舒服安逸
5. 海员道德的基本原则包括________。
   A. 爱国主义原则、集体主义原则　　B. 爱国主义原则、英雄主义原则
   C. 集体主义原则、个人主义原则
6. 海员道德的基本规范通常包括________。
   ①热爱祖国、热爱航海;②爱岗敬业、责任如山;③安全第一,服从指挥;④开拓创新,优质服务;⑤团结协作,同舟共济;⑥遵守环保法规,增强环保意识
   A. ①③④⑤⑥　　B. ①②③④⑤⑥
   C. ①②③⑤⑥
7. 以下所提到的内容中哪些是海员必备的道德品质?
   ①诚信;②勤奋;③勇敢;④节制;⑤谨慎;⑥自尊
   A. ②③④⑤⑥　　B. ①②③⑤⑥
   C. ①②③④⑤⑥
8. 从船员的人为失误的原因分析,最终归根于________。
   A. 违反操作规程、安全法则的行为　　B. 能力不适应特殊环境
   C. 错误行动
9. 船员所产生的主要心理问题不包括________。
   A. 强迫症　　B. 抑郁
   C. 健忘
10. 提高船员心理素质的应对策略包括________。
    A. 在船上增加专业理论课堂
    B. 丰富船员的业余生活和精神生活
    C. 频繁更换船员
11. 海员证是我国海员出入中国国境和在境外通行使用的有效身份证件,海员证的审核、发放机构是________。
    A. 海关　　B. 海事局
    C. 边防

12. 上下进出境船舶的人员携带物品的，应当向________如实申报，按规定缴纳关税并接受检查。

A. 海关　　B. 海事局

C. 边防

第五节 国内外移民、海关、卫生检疫等相关知识

1. 依据《中华人民共和国出境入境边防检查条例》的规定________。

①出境、入境的人员，必须向边防检查站交验本人的有效护照或者其他出境、入境证件；②从事国际航行船舶上的中国船员，凭本人的出境、入境证件登陆、住宿；③上、下外国船舶的人员，必须向边防检查人员交验出境、入境证件或者其他规定的证件，经许可后，方可上船、下船

A. ①②③　　B. ②③

C. ①③

2. 根据《国际卫生条例》规定，疫病是指下列哪几种？

①鼠疫；②登革热；③黄热病；④天花

A. ①③　　B. ①②③④

C. ①②③

3. 根据《中华人民共和国劳动法》，船员在船工作时间一般为每天________。

A. 1 小时　　B. 4 小时

C. 8 小时

4. 根据《中华人民共和国劳动法》，原则上连续在船工作不超过________。

A. 9~12 个月　　B. 12~15 个月

C. 15~18 个月

5. 根据《中华人民共和国劳动法》，用人单位可以解除劳动合同，但应提前________通知。

A. 15 日　　B. 30 日

C. 45 日

6. 根据《2006 年海事劳工公约》，海员每天休息时间最多分为________。

A. 一段　　B. 两段

C. 三段

第六节　国内外劳务契约、劳资关系的一般知识

1. 劳动者欲解除劳动合同应提前________日以书面形式通知用人单位。
   A. 15　　B. 30
   C. 60
2. 在特定情形之下,用人单位可以与劳动者解除劳动合同,但应提前________日以书面形式通知被解除劳动合同的劳动者本人。
   A. 15　　B. 30
   C. 60
3. 在海员的就业、资格证书和身份证、工资、工作时间、社会保障、在船上和在港口的福利等方面制定国际公约的国际组织是________。
   A. 国际劳工组织　　B. 国际海事协会
   C. 国际海员工会

参考答案

第一节　作业安全的基本常识

1. B　2. C　3. C　4. B　5. A　6. C　7. C　8. B　9. C　10. B
11. A　12. A　13. A　14. B　15. C　16. B　17. A　18. B　19. A　20. C
21. B　22. A　23. C　24. B　25. B　26. B　27. C　28. B　29. A　30. B
31. C　32. B　33. B　34. B　35. A　36. C　37. C　38. A　39. B　40. A
41. C　42. B　43. B　44. A　45. B　46. C　47. B　48. A　49. B　50. C
51. A　52. A　53. C　54. A　55. B

第二节　船上通信

1. C　2. A　3. C　4. C

第三节　船员配备及其岗位职责

1. B　2. A　3. C

第四节　海员职业道德和社会责任

1. C　2. A　3. C　4. C　5. A　6. B　7. C　8. A　9. C　10. B
11. B　12. A

第五节　国内外移民、海关、卫生检疫等相关知识

1. A　2. A　3. C　4. A　5. B　6. B

第六节　国内外劳务契约、劳资关系的一般知识

1. B　2. B　3. A

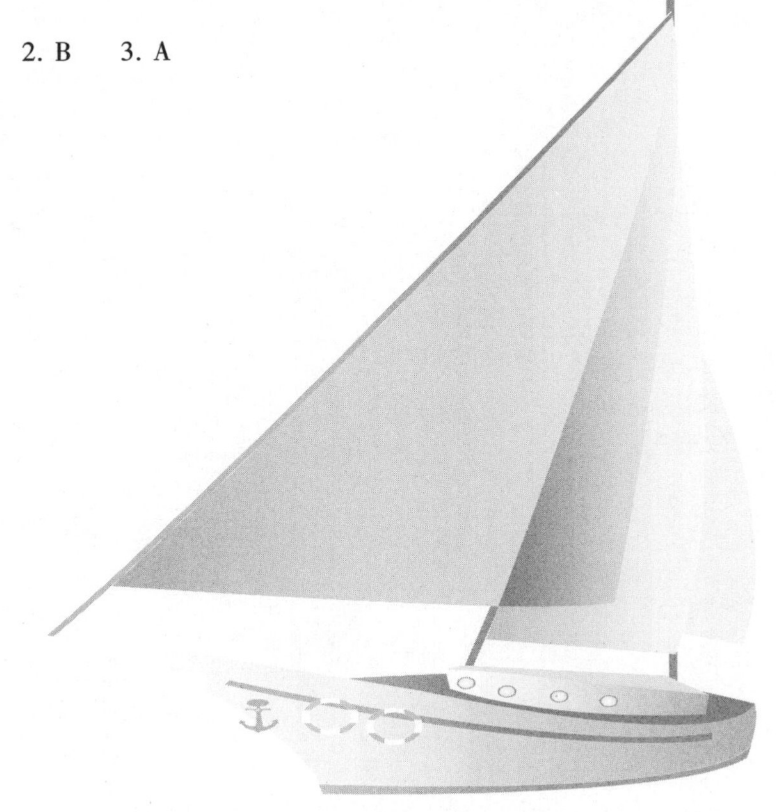